WALKING EACH OTHER HOME

生 命 的 功 课

［美］拉姆·达斯 米拉拜·布什 著

白瑞霞 译

湖南人民出版社·长沙

考拉心研所

"如果有一本书理应出现在每个人的愿望清单上,那一定是这本《生命的功课》。"

——丹尼尔·弋尔曼

哈佛大学心理学博士

畅销书《情商》作者

目录

001　序

004　前　言

017　生死与修行

101　爱每一个人

133　跨越

145　成为爱的磐石

161　生命无常，无有执着

189　活在当下，安然于每一刻

221　找到生命之所

233　冥想、正念、成为爱的觉识

序

拉姆·达斯

死亡，人生历程中最重要的一件事，是我们每一个人的边界尽头。向死而生，爱便是生活最本真的艺术。沉浸于爱中，知晓何以在爱中事生，自然也会明白当以何事死。

借由这本书，我想与你分享我从别人的故事里以及我自己的经历中所获知的"人生哲学"，想和你聊聊我陪伴在已逝好友身旁时所感受到的心路点滴：如何面对生者已逝的悲伤，又如何将自己与此生的告别规划为一场精神仪式。面对死亡的恐惧，我会和你一起谈谈如何才能直面并跨越这种恐惧，进而得以找到内心深处的自己，过上丰盛而有意义的人生。

二十年前，我因中风失语。失语症不会影响一个人的思维，却会削弱一个人的语言能力。有时候，我不得不为找到一个合适的词或者一种恰当表达自己意思的方式而思考良久。事实上，我想告诉你的是，中风赠予我一件礼物：沉默不语。作为一个失语症患者，在我思考怎么才能以一种最好的方式写一本关于生命哲学的书时，我知道其中最重要的一环，便是如何清晰、真实又巧妙地表达出自己内心的想法。这些年来，我发现当我和另外一个人对话，当他不以我的一时沉默为意，并在我一念升起时能专注聆听的时候，我便在以一种最好的方式表达自己。那么，为什么不以这样的方式写一本书呢？

于是，我邀请好友米拉拜·布什一道展开对话。我们俩共同追随宁·卡罗里·巴巴老师学习，多年来一起旅行、授课、写作。我觉得她会将我们之间的对话系统而完整地分享给你们——我们亲爱的读者。她会回溯我以往有关人生哲学的言论，诸如爱、友谊、死亡等，又将它们极其自然地穿插进我们当下的讨论，将那一份此时此地的新鲜跃动准确传递。当然，我也想讨论她本人关于人生，特别是临终与死亡的见解。真心希望这本书会把你带进那个我们坐而论道的房间，带进我们彼此倾心相谈的言语之中。我也真心希望你会和我们俩一样从中获益良多。

前 言

米拉拜·布什

这是一本关于爱、死亡与友谊的书。多年来,我与好友拉姆·达斯一直在一种亲密无间的氛围里谈论爱与死亡,这本书就是我们谈话的产物。希望它捕捉到了拉姆·达斯的智慧,并将业已86岁的他在接近人生终点时有别以往的某种新的领悟表达了出来。一如他在本书的序中所言,20年前他中了风。之后,因为失语症,他的表达变得异常简短。每一次他与我们的交流都好像是在说日本俳句。有一次,他描述说,他因失语症受损的那一部分大脑好像变成了一间"更衣室",自己的想法需要在这间房子里穿上语言的外衣。这一次，他给自己在谈论死亡时穿上的"外衣"看上去简洁有力、一语中的。

拉姆·达斯一生都在追寻爱，追寻可以常驻其间的方法。我们共同的老师宁·卡罗里·巴巴（人们通常亲切地称呼他"玛荷罗基"）教导我们要爱每一个人。拉姆·达斯说，我们以爱度生死。爱每一个人，包括爱我们自己。就这样，让自己活在当下、内心柔软、满怀良善、宽宏慷慨，并时刻铭记我们彼此携手共赴此生的旅程。拉姆·达斯的著作，往往都是以"爱"为主题。但这本书的独特之处在于，他以爱谈死亡。

我和拉姆·达斯初次相识在印度的菩提迦耶。那是1970年，我们俩一起参加一次冥想课程。记得拉姆·达斯当时就站在那座被称为"寂静之屋"的大殿入口处，里面聚集了很多人。那时的菩提迦耶只是一个尘土飞扬的印度小村庄。两千多年前，释迦牟尼在这里的一棵摩诃菩提树下打坐，开悟证道成佛。公元前250年，阿育王在此树附近建摩诃菩提塔以示纪念。然而，在当时，除了这座佛塔和其他几座小寺庙之外，并无多少其他设施。

我们整日都在静坐冥想。"自我观察"对当时还在读博士的我来说完全是一种新的体验。一点一点地，我发觉自己慢慢变得平静，变得安宁。我开始看到，我不仅仅是我的思想，也不仅仅是我的身体。我既是我的思想也是我的身体，但同时也是我的意念。我开始看到自己所有的想法与情绪的起灭无常，无处安放。相应地，我原本的"在意之心"日渐缩小。我感觉自己逐渐不再受困于他人的想法、观念，进而体验到一种前所未有的自信，一如我独立于天地之间，理应就能够了解其间奥秘。这种感觉让我懂得接纳万事万物的本来面目，尽管有很多事需要改变，那也没有关系。我感受到了自在。

我们之前从未想过此时此刻会身处此地，无榜样可依，无过往可循。晚上的时候，葛印卡老师教导我们：过往不恋，未来不迎，专注于当下。他谈及死亡的次数并不多，偶尔提及，也只会说几句诸如"世事无常，死亡无预警，所以更要珍惜眼前""知生方会知死，要让自己成为当下的主人"之类的话。我们自我观察自己的一呼一吸，涤清身心。

在日复一日、双眼紧闭的自我观察持续了几周后，一天，葛印卡老师忽然对我们说，他的老师乌巴庆老师在仰光做手术时突然意外过世了。就这样，我们在那个房间里与"死亡"不期而遇。当时年轻健康的我们，谁又曾多想过死亡？但当课程结束后，我们聊起了乌巴庆老师，聊到了死亡。我们好像有很多想法，但都不清晰。记得我当时说，我觉得死亡就像是熟睡，好比不知不觉间跌进一个全然不同的世界，里面有门、有云，还有一条路，只是你再也无法醒来。拉姆·达斯当时的见解就充满智慧。他说人的一呼一吸即是生死，吸气得生，呼气得死。因为我们之前都在凝神静气观想呼吸，所以很能够理解他的意思。他接着说，我们应学习如何放手我执、放弃自我期待以及对功名利禄的各种贪欲……所有这一切的放下都在为我们最后对此生的放手做准备。我们需要的是无为而非有为。我们需要破除内心执念,像佛陀那样证悟人生,得入圆满自在之妙境。

当时有人说:"死亡就是让我们与自己所爱的人彻底分离,它的确会让人痛彻心扉,心生恐惧。"

拉姆·达斯简单回应了四个字:"这是执着。"

在第一次游历印度并遇见玛荷罗基之后,拉姆·达斯写作了《活在当下》。如若当年我们当中有人读过,一定会对下面这段话心有戚戚焉:

不知云归何处

在无边无际之外

谁愿冒险一试

踏上这趟旅程?

你是否知道

一旦迈步向前

无谓终点

亦无终点可寻

你,那个你以为是你的"你"

在这趟旅程中

日被舍弃

终将逝去

这趟旅程

艰辛如此

苛刻如此

你,是否愿意?

一天夜晚,新月当空,我和拉姆·达斯并排站在庙宇的屋顶上。我们中许多人晚上就睡在这平坦屋顶的垫子上。我们俩聊各自的生活、经历,一如他后来所言:万般经历皆是财富。在我们生命中出现的每一件事都有其美意,让我们得以证悟自省,看到事物的原本模样。"事无意外,更无巧合,每一次困顿也都是良机。"

是呀,我对自己说,的确如此。我抬头仰望宇宙苍穹数以亿计的点点繁星,顷刻之间,一切于我都有了意义。我突然明白：万事万物彼此联结，互为效力，有广阔于我的存在，而我也是天地万物之间那本真的一部分。我看了一眼拉姆·达斯，没有作声，心想：天啊，这是你想说的意思，对吗？这是世间奥妙之所在，对吗？那一刻，无有言语，唯心有灵犀。他回望了我一眼，说："对，'我们'也终将逝去。"了了分明，即是如此。

我和拉姆·达斯一起跟随玛荷罗基两年。玛荷罗基总坐在他那张木制长椅上，看上去一无所有亦一无所失，终日自在如是。他无条件地爱我们每一个人，滋养数以千计的心灵，安于"当下"，不曾忘记，永远记得。有一次，一个弟子问哲人："既然说个人心中一切具足，何须有师傅？"他回答说："恰需师傅指点，方才明白自己心中一切具足。"

结束了那段在印度的日子，我和拉姆·达斯重返美国。我们共同与一群志同道合者交流、分享、学习。我们和朋友们一起四处移居，从伯克利、剑桥、博尔德，到马萨葡萄园岛和纽约。

早在菩提迦耶，拉姆·达斯就已知晓生死之道。此后，随着对玛荷罗基更深层次地潜心学习以及不得不面对中风造成的偏瘫不便，他在苦难中对生死有了更为清晰的认识。他对"死亡"的理解与爱——无条件的爱——紧密相关。爱是道路，是存在与认知的良知与方式。

2004年，拉姆·达斯搬到夏威夷茂宜岛，开始定居。面对一望无际的太平洋，他在这里常年冥想、写书、会客。他热爱一切。房间里到处都是他的朋友、学生送给他的书和礼物。他还养了三四只猫咪，其中有一只收养的流浪猫，黑白相间，名字就叫作库什。

记得有天去他家，他的身体看上去比我上次见他时还要虚弱，但精神不错。我们共进早餐。水果是花园里新鲜采摘的木瓜和香蕉。因为拉姆·达斯不能吃糖，所以饮品是加了龙舌兰的甜茶。照顾他日常生活起居的黛西·墨菲和纪录片导演米奇·莱姆也在场。我们后来想要拍摄一段拉姆·达斯和米奇·莱姆两个人的对话视频放在拉姆·达斯的个人网站上。两人准备好之后,我问了句:"你们俩的人生故事都特别精彩,也因此影响了很多人。为什么觉得讲故事对表达真理如此重要呢?"

拉姆·达斯回答说:"有关心灵层面的事,其实很难用语言形容,因为很多概念难以被理解……,呃——"一个漫长的停顿。"故事就是用来敲门的,敲心灵之门,它们往往会直达心底。"

拉姆·达斯有一种异乎寻常的能力,他总是将自己寻求爱与智慧的旅程讲述得特别的朴实、动人。好像他的故事就是我们每一个人的故事,尽管我们并没有和他一样出生在波士顿一个富裕的犹太家庭,也没有像他一样曾经执教哈佛。他是一位令人赞叹的导师,吸引着不同年龄、阶层、种族、性别和国籍的人们从了解他的故事开始自己的"旅程"。拉姆·达斯的"旅程"从一个普通人觉察到好像生活中哪里不对劲开始,他远走他乡试图寻求理解,遭遇各种挑战,又无可逃避地与死亡直面相搏,他活了下来,重返故里,再用自己的故事去帮助和影响他人。拉姆·达斯的讲述总是能拉近自己与他人的距离，他毫无顾忌地分享自己在追寻途中所有的过错与软弱。他的讲述总会让人置身其中，心临其境。

拉姆·达斯一遍遍讲起自己的生命故事，大家也都百听不厌。我两岁的小孙女达利娅每次读完睡前故事《晚安，月亮》，都会立马大喊："再读一遍！再读一遍！" 拉姆·达斯的故事就犹如这本《晚安，月亮》，犹如我们钟爱的某首歌——让人感受到一种熟悉的亲密与莫大的宽慰。

不同于以往"英雄"式主人公的无所不能，拉姆·达斯的故事总会让我们，平凡普通的我们，看到这一路上下求索既引人发笑又令人心酸的每一面。拉姆·达斯借由点滴日常让我们看见现实与理想的差距。他放下所有的自以为是与自命不凡，让我们看见即使践行最简单的教导——爱每一个人、讲每一句真话、放下所有物欲执念——亦是多么不易。他谈及自己看见玛荷罗基关注别人升起的嫉妒之心，中风之后想要开跑车的强烈之欲。嫉妒、渴望、生气、尴尬——我们莫不如是。当一个人竭尽所能却历经失败,坚持不懈,在微笑、泪水中渐有所得,直至学习死亡,这便是最具有价值的人生启迪。

2015年,我去拉姆·达斯位于夏威夷哈伊库的家看望他。一天早餐后,等其他人都离开了餐桌,拉姆·达斯对我说:"我们俩聊聊。"我说:"好呀。"虽然他坐在轮椅上无法起身,只有一只手臂能自由活动,但依旧思维敏捷。"我想邀请你和我一起写本书。"说这句话的时候,他的双眼闪闪发光。

"当然可以!"我即刻赞同,"关于什么的?"

"临终与当下,以死向生,活在当下的智慧。"他说——这时,他嘴角泛起一丝狡黠调皮的微笑——"这一次,真的有最后期限,有截止日期哦!"然后,接着说:"临终关怀是一份修行,送别父母也是自我修行的一部分。经历死亡是我们的最后一门功课。我想和你一起写一本这样的书。"

我们之前也有合著过一本《践行慈悲》的书。那一次的合作模式是我们两人各写一个章节,所以更像是把两个人的作品结集出版。这一次，拉姆·达斯显然意不在此。"这是一次心灵实践，"他说，"我想以一种对话的形式传达出我们两个人的声音。"

"但我还想问一个基本的问题。"我说。

拉姆·达斯点了点头。

"为什么要写这样一本书？写给谁呢？"拉姆·达斯听完略做沉思后答道："我只是想帮助我们的读者消除内心对死亡的恐惧。唯有如此，他们便能——"长长的停顿。"便能向死而生，为面对死亡做好准备。知死方知生。我们存活于世的每一天，其实都是向死而生。死亡是人生最大的改变，了解死亡其实会让我们过上更有意义的生活。"

就在拉姆·达斯说这些话的时候，我想起读过的一篇学术文章。它指出有研究发现当人们意识到此生有限，往往会更善待自己并乐助他人。由此，一个人的亲密关系以及更为广泛的社会关系都会更进一步。

又过了一会儿，拉姆·达斯接着说："我也想写给那些痛失所爱的人，他们或许深陷悲伤、悔恨，甚至在负罪感中无法自拔。我也想写给那些从事临终关怀的人……这本书可能会帮到他们。对于时日不多的人来说,这本书也会帮助他们把握当下,以一种更有意识、更平和的方式准备好迎接死亡的到来。"

我一边听一边想,这会是一本不错的书。我们试图探索人类所知的极致边界。对话这种形式也可以让拉姆·达斯在没有压力的状态下将自己的所思所想转换成句子、段落。恰是我们的不尽相同使我们可以借着一系列的对话尽情表达各自的想法并互相探讨那些至今依然留存的各种问题。

记得有一位评论家在评价《践行慈悲》时写道:"作者将爱倾注于笔端,就像他们正在举办一场盛宴,不想让任何事打扰这浓烈的情绪。"原本以为我们不可能在写一本关于死亡的书时也爱如泉涌,事实上,恰非如此,而且这是一场注定无人缺席的死亡盛宴。

生死与修行

安静心灵，

敞开心扉，

这是我告别这个世界最好的方式。

安静心灵，

敞开心扉，

这是我生活在这个世界最好的方式。

——拉姆·达斯

抵 达

从马萨诸塞州西部搭飞机前往茂宜岛进行第一次对谈的路上,我坐在达美航空狭小的机舱座位里,一边吃饼干一边读几年前离世的一位朋友,诗人、哲学家约翰·奥多诺休的一本书。书中写到,关注死亡会让人意识到存活于世是何等的奇妙。写作一本关于死亡的书充满了挑战。生死攸关,我和拉姆·达斯一起,要沿着怎样的路径,讲述怎样的故事,追问怎样的问题呢?我们当然希望所提出的问题会导向更开放也更深入的探讨,使大家认识到"面对死亡"其实会以一种有益的甚至是意想不到的方式改变生活本身。

此时此刻,我问自己:关于死亡,我和拉姆·达斯,真的知道些什么吗?说实话,我不确定。但我知道,和拉姆·达斯聊天一定会收获满满。

抵达茂宜岛那天已是深夜。拉姆·达斯在岛上的居所是一座位于山顶、俯瞰太平洋的大房子。除了平日照顾他的护工,这里时常有老朋友来访小住。房间的开放式格局和安装好的升降机都便于他坐着轮椅四处活动。房间里摆满了鲜花——芙蓉、姜花、海神花、鹤望兰,还有打瞌睡的小猫咪。抵达时大家都睡了,我便径直去了自己的卧室。迷迷糊糊中听见吊顶电扇轻柔的旋转声,太平洋上的信风穿堂而过,一望无际的太平洋海面涤荡起宁静、粼峋的波光。

第二天一早,间隔数月再次见到拉姆·达斯,对我来说,感觉是再次回到我内心的家。他坐着轮椅来到餐桌旁,用那双我再熟悉不过的眼睛望着我。我一下子跌落到他的眼神里,瞬间体味到一种莫名的幸福。我们拥抱,紧紧地拥抱。我们两个人都散发出愉悦的光芒,是的,是的,我们再次相聚!

向内生活

早餐后,我们一起上楼。拉姆·达斯的卧室、浴室和工作室都在这一层。他的工作室里有一面书墙,很多朋友的照片,一部电话和一部对讲机。帮忙照顾他的护工拉克什曼将他从轮椅抱到了一张宽大、舒适的躺椅上,并给他盖上一条围毯。此时,飘来楼下晨间唱诵时点燃的袅袅檀香。

我单刀直入,直奔主题,问道:"你在之前的写作、演讲、授课中对死亡多有谈及。时至今日,年事渐高,也可以说离死亡日近,你觉得自己有什么新想法吗?"

拉姆·达斯闭上双眼,沉默良久。我不知道他会怎么回答我。一段时间之后,他开口说:"我感觉自己依偎在真理身旁,和身体,我自己的身体拉开了距离。"

"和以往的体验有什么不同吗?"

"我的身体是在日趋衰竭,但我又不觉得自己要死了。我的身体会以什么样的方式……死亡,我也很想知道。"

我们俩相视一笑。

他接着说:"这么多年,我其实一直思考的是'死亡'这种现象,从来没有想过我自己的死亡。我同很多友人都聊过死亡,也读过很多大师和其他人对死亡的认识和见解。现在,当我用自己的心,而非思维,将所有这一切都拼凑起来的时候,我发觉如果一个人满怀爱的意识,便对死亡没有恐惧。死亡只不过是自我修行的最后一步, 我是说我的……我的死亡……"

拉姆·达斯注视着大海,很久,很久。这不是我们俩第一次谈论死亡,但的确是第一次如此直接具体地谈论自己的死亡。

"我会一连几个小时看着大海。" 拉姆·达斯慢慢地说，"大海对我来说是一种象征。好似眼前就是一汪爱的海洋，空无边际，识无边际，我漂浮其上，自在徜徉。时间……时间流逝好似消隐，身心泯然空寂，不知何年何月，亦无心一问。唯有此时此刻。我也还在学习'放下'，譬如现在，我想要放下自己是一名中风患者的这个身份或者说定义。拥抱过去，接受过去，爱过去也是我修行功课的一部分。"

"爱过去？"

"将过去视作一种观念，去爱它。放开所有悔恨、遗憾的情绪，按照过去原本的模样，此时此刻于你而言的模样，去爱它。纠缠于记忆和以现在的心念重新观照过去是不一样的。你会看到，所谓的'过去'其实只是自己对过去的一些想法。所以，不要对'过去'起心动念，而要仅仅以爱去感受它。"

令人痛苦的真相

那天早上的晚些时候，我们稍事休息。对话再起，我们这次打算探讨英国诗人大卫·怀特提出的"现实的言语对话本性"。和拉姆·达斯在一起，我总是很开心，连长途飞行后的疲乏都未觉察。他在躺椅上重新坐好，在这个茂宜岛常见的阴沉有风的日子里再次盖好围毯。另一位护工卢西恩还给我们端来两杯散发着浓烈肉桂味的印度奶茶。

一天前，也是在这里，拉姆·达斯和一位来此冥想的巴西女士聊天。她讲起自己有一次差点飞机失事的经历。她对拉姆·达斯说她当时以为自己马上就要死了。拉姆·达斯对我说："她真的吓坏了。"但那位女士也说自从如此近距离地接触死亡之后，她反而释然了。

拉姆·达斯一直将人生视作一次不断修习精进的旅程。旅行途中遇到的每一件事都是我们学习、觉醒、成长的好机会。一段恐怖的经历因此也是一份珍贵的礼物。我和拉姆·达斯接着开始讨论,如果没有幸免于飞机坠毁的经历,那要如何才能跨越面对死亡的恐惧。

拉姆·达斯说:"每个人都在走向死亡,尽管我们大都会避而不谈。人人都想活得长久,这没什么不对。但问题是我们往往因此只知生,不知死。"

拉姆·达斯接着说:"死亡是令人痛苦的真相,但它也是'一个念头'。拉玛那·马哈希说,不要依附于自己的念头。吾为吾身是一念,吾为所思是一念,吾为所行亦是一念。忧虑是一念,恐惧是一念,死亡亦是一念。"

我们接着聊人为什么会心怀恐惧。自古以来,担心害怕便是人类寻求生存的一种本能。从原始的"人脱虎口"到现在的不系安全带就可能车祸伤亡的警告,都出自我们想要活下来的欲望本能。"未知",

让人不知所措，心生恐惧。我们会忍不住想，如果有恐怖分子意图炸毁机场，我们要怎么办？当然，有一些惧怕、担心有益于我们的生活，譬如时刻提醒自己系好安全带。但是，我们对死亡的恐惧——一旦心脏停止跳动，会发生什么？——这些念头往往只会让人更焦虑，也更脆弱。心念焦虑混乱便会阻碍我们看清事物本真，结果做出错误的选择。

我和拉姆·达斯提起我的姐姐。在人生的最后阶段，她看上去十分害怕。"我一直在想，自从患上老年痴呆症，她的记忆已大为受损，我就问她：'你害怕的是死亡本身，还是放心不下自己心爱的孩子们？'"

可她的回答极其简单，三个字："我害怕。"她让我看她因肝脏问题而部分肿胀突起的肚子。她那时已不大能明白自己的身体状况，总觉得是又怀孕了，每次见我都会抱怨："哦，天啊，怎么会是现在这个时候！"她从未说过自己为什么害怕，也没有提过死亡。好像死亡这个话题无关紧要，她每次稍有触及都会一跳而过。"人嘛，总会害怕的。"她对我说，可接着又会说，其实也没有什么好怕的，"万一我有个三长两短，没事，养老院里这么多人，他们会照看我的。"

再避而不谈，死亡还是如期而至，我的姐姐就这样走了。当然，谁都有这一步。养老院里跑得再快的脚步也无法阻挡死亡的降临。一位哲人将死亡形容为一种撤退。他说我们一退再退，直至最后从父母赋予我们的生命之躯退回到人生的至深之处。

勿忘终有一死

拉姆·达斯谈起西方文化如何以各种方式引发人们对死亡的恐惧和抗拒：媒体上充斥着对青春的赞美；运用各种防腐技术让死去的人看上去好像还活着；回避看到让人联想起死亡的白骨；妈妈们会说，

别聊那些"不开心的事"。

如今,死亡大都发生在医院或养老院,早已不再是家庭生活的一部分。几乎没有人愿意正视死亡,就连很多医生也会认为病人死亡是自己从事救死扶伤这一行的重大失败。其实,他们怎会不知道,无论是谁,终有一天都会"散了架了"再也无法修理。

1989年,在一次针对医务人员的讲座上,拉姆·达斯这样说道:

死亡被视作医学上的失败。然而,如何将死亡视作人生的一部分,如何处理我们对死亡的恐惧,如何保持一种开放的观念,让每一个人在这个过程中有所成长,都是我们慢慢地从现有的医学观念中一点一点解脱、释放的开始。所以,我建议大家从关照自身做起。首先正视自己对死亡的恐惧。医学界将病人离世看作是一个问题。事实上,人,或早或晚,终有一死。问题是,面对会一直持续不断发生的"失败",你要怎么做?是不是要不断地告诉自己:"嗯,现在医学还不够发达,但终究我们会解决这个问题。"

拉姆·达斯说："贴近让你心生恐惧的事物，认识它；看到心中执着，舍下它。观想世间万物。将死亡置于一臂之外只能阻碍我们活得更丰盛。"

我说："玛荷罗基教导我们，永远讲真话就会无所畏惧。我觉得可以理解为当一个人认识到'终有一死'这个事实，反而就不再惧怕了。"

机会之窗

拉姆·达斯经常通过写作、演讲和授课的方式谈及人们对死亡的恐惧与回避。他说放下恐惧就是放下"自我"，让"小我"融入宇宙的永恒之中。他指出个人可以通过修行，不执着于经历、物欲，直至纯然感受世间万物的彼此连接，终将自己视作万物一体、浩渺宇宙的一分子。

他还说接近死亡、走向死亡的最好方式就是破除心中执念，将自己与"爱的觉识"合二为一。走向死亡就是一扇机会之窗，是一次不可思议的觉醒良机。当所有帮助我们建立并运作自我意识的机制逐渐地自然消亡时，我们的心中才会慢慢地留出空间。随着对身心内外各种执着的逐一舍弃，这个空间才会渐渐地延展扩大。最终，我们得以沉浸于爱中，并在无限放大的爱中经历死亡。

我很想在继续对谈前独处一会儿，一个人安静地听一听拉姆·达斯前段时间有关"恐惧"的一次演讲。我找了一把又大又舒服的椅子坐好，戴上了耳机。

佛言无明生恐惧。当我们出生来到这个世界，始无分别之心，而后教化得知有"我"。这个"我"即为将他人与我分开的"自我"或"自我意识"。看似坚强，实则脆弱。它是心识创造的自我认识的一种结构。自我意识是人的"冲动本能"与其社会生活的分界，确保人的社会角色不被其冲动本能所影响。

当一个人的内心不再拘泥于自我意识的结构，不再受限于自己是某个人的身份设定，当他体察到自己乃是广阔天地之一粟，了无挂碍，便将无所恐惧。但与此同时，我们的确也需要一些让我们心存敬畏的概念和想法。当我们犹如婴孩般依生命本能生活，每一次调整自我身心平衡的波动与变化，于生命而言，都是崭新一刻。所谓敬畏便是对每一次生命新时刻的一种回应。

我们此刻坐在这里，带着心中业已具有的一些观念谈论、理解这些"自我""恐惧"等等的概念，其实很是微妙。但是，如果你能看见自己心中固有的观念是怎么运作的，看到你的生命本能，甚至是令你感到惧怕的本能冲动的那一面；与此同时，也看到外在的、巨大的、同样让你感到害怕的种种压力，你的"自我"就夹居其间，你就会明白在这个内外夹击的结构之中它是何其脆弱！

恐惧的根本在于我们内心具有的"分离感"。一旦生起分别心、分离感，事物便在内外有别的结构中不断发展。内心的挣扎恰恰会强化你的无力感。

修行，即是体验自我转化，让我们得以再次找到被分别心破坏之前的那份完整自如。分别心使每一个人成为微小脆弱的个体。事实上,当我们从分别心中再次觉醒,便会感受到无比充沛的力量。

当我们说"害怕那个人",也许是因为我们害怕自己会被对方当众羞辱。羞辱当然令人受伤,但你要知道真正的你不会因此多增一分或少减一分,你依然是你。又或者我们惧怕暴力,当暴力发生,让人惊慌、痛苦,但是在这背后,依然要看到你是那个完整的自己。

我一直觉得"恐惧感"会自行叠加。一个人越是害怕,心中的恐惧就越是强大。而我们之所以害怕是因为我们真的以为自己脆弱无力。

接近恐惧

下午,我和拉姆·达斯再次喝茶聊天。他说:"当我对某样东西心生恐惧，便会让自己尽可能地接近它。在这个过程里，我能清晰看到自己那种近乎本能的抗拒。所以，我让自己仔细观察那份抗拒心。抗拒本身会放大恐惧——你越抗拒，就越恐惧。无限接近你所惧怕的，看到它的边界，停留在那里，注视着它，不拉不扯，不增不减，静静地观照它、体察它。"

我突然想起了我的妈妈。她在诊断出肺癌后，戒掉了15年来一直抽烟的习惯。可是，没过多久，她又抽了起来。可能是觉得既然时日无多，何不肆意快活。她在家人面前有意隐瞒，但大家都心知肚明，她身上的那股烟味早已出卖了她。我对拉姆·达斯讲起了这段往事。

我说："当时这件事让我很苦恼。心想，她怎么可以这样？！我还专门去找斯蒂芬·莱文，问他我应该怎么办。你猜怎么着，斯蒂芬对我说：'去买一箱香烟，送给她。'"

拉姆·达斯听了，哑然失笑。

我说："我当时想，这是个什么建议？怎么可以这么做！"

拉姆·达斯说："他是对的。"

"是的，现在我也承认。当我真的买了一箱烟，接近并观照我内心的恐惧，我才发现其实我一直想要控制和否认的是我的妈妈即将离我而去的这个事实。"

"佛陀曾让弟子前往尸横遍野之地观看完好如初的尸体、腐化溃烂的尸体以及四处散落的累累白骨。佛陀让弟子直面死亡之态，继而观想它。接近恐惧真的需要勇气。"

拉姆·达斯说："是的，我们要直击恐惧的最深处，'自我'就在这里。只要你觉得自己脆弱无力，你的恐惧就会无所不在。原以为脆弱即弱小无力，实际上它充满力量，会牢牢地把控你、裹挟你。"

"是呀，"我说，"记得欧文刚刚出生那会儿，他看上去是全家最弱小无助的小宝宝。其实，他最有权柄，哭声就是命令，全家人跑前跑后都得听他的。最弱小的反而最有力量。"

自然人生的一部分

"还有什么会有助于恐惧?"我接着问。拉姆·达斯没有说话,看上去思绪游离。过了许久,他说:"印度,灼热的高止山脉……"

拉姆·达斯经常提起他在印度的日子。在那里,他彻底改变了自己的死亡观念,也排解了所有对死亡的恐惧。

拉姆·达斯说:"我第一次和大卫·普杜阿去印度,就去了贝拿勒斯。记得当时走在大街上,望去满眼都是老弱病残,特别是麻风病人,衣衫褴褛、瘦骨嶙峋的人们不是蹲着就是趴着。说实话,我惊呆了,内心充满了一种西方人悲悯的优越感。'他们为什么都不去医院?怎么都没有人帮助他们?'那种强烈的冲击真让人受不了。后来,直到遇见玛荷罗基,我才开始理解他们。再后来,当我一个人再次回到贝拿勒斯,我发现自己早已不再是那个一惊一乍的西方人了。因为我知道他们是专程来到这里迎接死亡,祈祷永得自由的印度教徒。对他们来说,能在临死前来到恒河边就是莫大的祝福。我再次走在大街上,看着他们的眼睛,看见他们其实在'悲悯'我!他们如此确信自己在对的时间来到了对的地方。而我呢?一个游荡的幽灵,根本不知道自己要去往何处。"

"游荡的幽灵,你是说你吗,拉姆·达斯!你这是在背负着一个你自己的十字架吗?游荡的犹太人和渴慕的幽灵组成的十字架吗?"

"一点没错!"拉姆·达斯笑道,"我就在不断燃烧的高止山脉上过夜。"他接着说:"空气中弥漫着祈祷、唱诵、音乐和焚香的味道。黑暗中,付之一炬的尸体有时就在我周围熊熊燃烧,化作缕缕青烟。我闻到肉体烧焦的味道,感觉好像真的看见湿婆伸出手接走了死者。"

"在印度,人们从不掩饰死亡,也不像我们西方人这样对死亡充满恐惧。人们就在村庄里的家中安然过世,不需要什么丧葬机构。人死之后,尸体首先被放置在一些木板上,接着一起用床单完整包裹,最后再抬到叫来的人力车上,直接拉上瓦拉纳西熊熊燃烧的火葬坛。途中走街串巷,人们一路念诵着颂词。沿途所有人,包括孩子,都会驻足观看。死亡,自然人生的一部分,就这样公开展示。死亡,它既不是错误也不是失败,只是生命的一部分。"

拉姆·达斯说完这段话,转头望向大海。我和他安静地坐着,没有再说话。远处,只见一艘游轮缓缓滑行在海面上。

"差不多到吃晚饭的时间了。"我说,"现在,这件事离我们俩最近。"

生命的气息

我返回自己的房间,坐在床上,问自己:面对死亡,我做好准备了吗?我害怕吗?说实话,我不确定。

记得20世纪80年代初有段时间,我的心脏有时像电钻机那样猛烈不停地跳动。每次,我都不得不大口喘气。越是拼命呼吸,就越感觉心脏糟糕。我会突然惊慌,大脑急速运转,接着冒出一个念头:天啊,我要死了。死神来了,就在这儿敲打我的心脏。我不停地对自己说:不,不,不,还不是时候,我不想死,不想死!我坐在那儿,心脏剧烈地跳动。很快,又冒出一个新念头:别着急,别心慌,来,将心念集中在自然的呼吸上。安静下来,平稳下来,你会活下去的;即使不能,也要在平静中死去。此时脑海里浮现出我生命中的很多画面——我的丈夫,我的朋友们,我的作品——就好像他们一一前来与我作别。再见,我的朋友苏南达、安苏亚和玛姬;再见,我亲爱的姐姐简和芭芭拉;再见,葡萄园岛的海滩,我们在剑桥的房子;再见,那些塞瓦基金会在帐篷里开的工作会议;再见,日月星辰!直到眼前浮现出我八岁的儿子欧文的样子,我一下子怔在那里无法将"再见"说出口。我开始告诉自己:不行,无论如何我都要活下来。

是的,那个时候,我没有做好死亡的准备。在这个世界上,我还想陪伴孩子慢慢长大,还想活更多的日子。或许有朝一日,死神来敲门,尽管再拒绝也于事无补;可是当时,我知道,不,时间不对,我的时间还没到。我集中心力专注在呼吸上——一呼一吸,循环往复。慢慢地,我急促不均的呼吸渐渐平稳。我,又活了过来。

阿内丝·尼恩①曾经说:"我们生活、受苦、试

---

① 阿内丝·尼恩(Anaïs Nin, 1903—1977)是一位出生于法国的美国作家。

错、冒险、付出、失去，所做的一切无非是为了推迟死亡。"我通过观想呼吸延迟了自己的死亡。事情发生后第二天，我又全身心地投入到生活之中，但我也不再是原来的那个我。

恐惧，始于何时？

我们那天的晚餐是新鲜面包和纯素意面。用餐过后，我们决定大家坐在一起聊聊各自有关死亡的最早记忆，想要以此梳理我们对死亡的恐惧究竟是如何产生的。我，拉姆·达斯，我们的好朋友、明智的"顾问"黛西，以及帮助拉姆·达斯得以正常生活的两名年轻有力的护工卢西恩和拉克什曼，一起围坐在餐桌前。我们每人面前都有一个写着自己名字的衣夹。晚饭后，把它别在自己的餐巾布上，这样明天早餐就可以接着使用。透过那一面大窗户望出去，只见一轮圆月已悄然升起在苍茫无际的大海上。

黛西最先开始。她讲起自己读书时的一段往事。她说自己读三年级那年，学校里的一个七年级的男孩纵火烧了他表兄弟的家。黛西回忆起弥漫在教堂里那股浓烈的剑兰气味，以及当她看见三具经过防腐处理的小孩尸体躺在三口棺材里时的恐惧。黛西还提起另一段曾让她倍感恐惧的经历。她说，有一次，丽塔·迈克尔修女带着她们一帮学生去一家修道院，来到一个很深的洗衣水槽前，把小姑娘们一个个地抱起来往下看，告诉她们这条水槽直接通往地下炼狱。

我们听完都乐了。但对当时还是孩子的黛西来说，这句话一点也不好笑。

聊天继续，拉克什曼说自己对死亡最早的记忆是五岁那年他的姑母因癌症去世。家里没有人对他解释为什么，而大人们常说的一句话是"别在孩子面前聊这个"。这让他觉得死亡又神秘又恐怖。他不明白，为什么一个活生生的、他爱的人会突然之间消失，再也见不到了。而这样的问题还没有答案。

我聊起9岁还是10岁那年，我的朋友沃尔特的爸爸意外去世的事。沃尔特的爸爸和朋友们一起坐船去钓鱼。结果，一道闪电击中了他手里的金属鱼竿，电流瞬间传到他的夹克拉链，导致他当场触电死亡。这件事，对我来说，冲击不小。这么多年来，我一直记得。世事无常，所以人更要在有生之年认识自己。

轮到拉姆·达斯，他说自己对死亡没有什么早期记忆，家庭成员之间也从不谈起，用他的话说——"我也是被保护着长大的。"但母亲的去世让他记忆深刻。他说自己从加利福尼亚回到家，看见母亲的棺木就停在房间里，可他的父亲却对他说不要去看了。"我爸说，你妈妈不想让别人看她。这句话让我觉得自己好像是个外人。"他也记得多年以后，父亲去世时，殡仪馆的工作人员把他的尸体放进一个黑色大塑料袋里的情景。"他们工作的方式……给人一种毛骨悚然的感觉，好像在秘密处理什么我不应该看到的东西。这些都加剧了我对死亡的恐惧。死亡，如此诡秘。所以当我在印度看到几代同堂的大家庭——祖父母、父母、孩子、姑姑、叔叔,一大家子人生活在一起的时候,我就会觉得这样的生活方式好像更好。生命流转,家族延续,生与死都自然而然。"

卢西恩说:"现在就有人发起用小货车代替灵车的运动,认为这样可以消除灵车经过社区时对当地居民的影响。死亡就是得秘而不宣。"

后现代呀,我心想。无论如何,小货车都不可能承载死亡的庄严感。当大家起身收拾甜点盘的时候,我半开玩笑半认真地说:"别,可千万别把我装在小货车里运走!"

无有分离

第二天一早,我们又齐聚餐桌。拉姆·达斯习惯于一边等早餐,一边看《茂宜岛新闻》,今天恰好有一篇是关于死亡权利的。

报道称一名身患前列腺癌四期的病人乔·H，认为自己时日无多，在生命的最后数天或数周，一定会面临难以遏制的呕吐与难以忍受的饥饿。他提出自己理应有"安乐死"的权利。曾经是一名兽医的乔·H目睹过很多饲养宠物的家庭最后选择使用药物，让他们的宠物猫或者宠物狗以平静的方式在家中离去。所以，他认为自己应该享有与宠物主人相同的权利。在夏威夷一项有关允许身患绝症的成年患者通过药物结束生命法案的听证会上，他是数十名支持此项法案通过的证人之一。他说："我生而美好，也希望死得体面。"

"你看，每个人都在谈论我们俩聊的话题，"拉姆·达斯说着，咧嘴一笑，"当然应该拥有和猫咪们一样的权利。"他一边说一边望向他的小猫咪库什，只见它正四平八稳地趴在躺椅上。

他继续说："就算是爱，有条件的爱，也会让人心有胆怯。当两个人彼此相爱，无论何时都不可避免地要面对分别与失去，因为人或早或晚终有一死。所以,'失去'原本就是爱恋的一部分。爱也因此弥足珍贵又令人生畏。我们都知道这个世界上唯一不变的就是改变本身。世事无定,这种不确定性反过来又会加深我们的执着。"

"很多人都惧怕一往情深。因为知道终会失去,所以爱得痛苦又惧怕。但是,如果我们体会到万物有灵、彼此连接的美妙,恐惧便会消散而信念增长。真性不灭,无有分离。"

爱的海洋

后来,我们坐在拉姆·达斯的房间里,一直静静地望着眼前的这片大海。世事无常。波浪起落,光影流转,无一不在千变万化之中。每一朵浪花都是新的。在凝望中,我们又一次聊起如何才能放下恐惧感、分离感,坦然接受死亡的现实。

我引用老朋友诺曼·费舍尔①的话开始了对谈。费舍尔说,所谓空,并非毫无绝望之感,而是消除了边界与局限。空乃开放与释放。"唯有开放,才能放下分别心,消除自己与他人的边界,体察到——我即他人,他人即我。人与他人、与万物的爱与连接才会自然轻松。"

拉姆·达斯说:"费舍尔说得一点没错。尽管人们有时会感受到一种自然而然的连接,但大多数时候,我们都需要不断地修习慈悲与爱,转化我们的分别心、分离心,将爱与连接迎接到我们的生命中来。越是与心灵合二为一,便越是能在目光所及处看到爱。万物同体,淡泊虚融,慈念众生。当你我一同沉浸于广阔柔和的爱中,便一同在爱的海洋徜徉。不偏不倚,就在这里。无有分别,无有恐惧。"

---

① 诺曼·费舍尔(Norman Fisher)是一位美国诗人、作家和禅师,师从日本禅师铃木俊隆(Shunryu Suzuki, 1905—1971)。铃木俊隆,日本曹洞宗僧侣,是将日本禅宗思想介绍到现代西方世界的重要人物。

干扰死亡进程

玛荷罗基说,死亡皆有时而人亦不愿死。众人只想活得长久。拉姆·达斯说:"这是储存在我们大脑中的原始信息。"

我告诉他,我曾为谷歌公司设计过一个课程,我发现硅谷的工程师们现在痴迷于延长人类寿命的方法。

"他们打算怎么实现这个目标?"

"主要依赖于生物化学技术。"我解释说,"研究基因组,重新编程DNA,研发干细胞疗法及相关药物。微型纳米机器人可以从内而外修复你的身体。他们认为这样做就可以干扰死亡进程,延长人类寿命。英特尔公司计划打造一种堪比人类大脑运行速度的'万万亿次级计算机'。我猜到时候你就可以下载自己的大脑了。"

我接着说:"前段时间我还读到一篇文章,讲麻省理工学院的一位科学家正在研究如何通过营养补充剂延长寿命。我想,哟,这个不错,可以试试。虽然不太了解具体的内容,但至少听上去还不错。一个月的营养补充费用是60美元。我坚持了一个月,结果没感受到一点变化,甚至连喝杯咖啡摄取点咖啡因的效果都没有,所以第一个月结束就没再续约了。"

拉姆·达斯问我:"怎么,一天花两美元就能延长寿命,不值吗?"

我笑着说:"感觉不值。"

拉姆·达斯说:"有意思。其实,我们都知道,充实地过好每一分、每一秒,就是在延长生命。我倒真没想要在时间刻度上怎么延长寿命,对我来说过去、现在、未来无一不在此时此刻,不在当下。"

万无一失

我们俩安静地坐了会儿,谁也没有说话。为了确保记录顺利,我检查了一下苹果手机的录音功能。然后,我问拉姆·达斯:"有没有什么具体的事物或者方式让你摆脱恐惧,坦然接受死亡?对你个人来说,什么是曾经特别有帮助的?"

"坐在床前。" 拉姆·达斯立马说。他的意思是坐在临终者的床前。这其中有他爱的人,也有很多他在临终关怀中心或养老院遇到的陌生人。"这是一种极其自然的方式,让我们可以释放自己内心对死亡的恐惧,至少对我来说是这样。恐惧皆有因,我个人通过这种方式学习到很多。对临终者和陪伴者来说,这都是一场修行。陪伴在侧,你会如实看到自己的恐惧并学会放手。这也是数年前,我同斯蒂芬·莱文和戴尔·博格勒姆一道开展'生／死项目'的原因。陪伴者以服务之道修习'事瑜伽'①；临终者则需要完成从'自我'到'觉识'的转变，回归纯粹和明朗。大家彼此帮助，共同修行，释放恐惧。临终者的家人往往都会有各自的恐慌、悲伤、困惑和痛苦，所以当我坐在临终者的床前，我需要始终安静心灵，敞开心扉，不受干扰。而我平稳的状态反过来也会影响到他们，带给他们平静与宽慰。"

我一边听一边想象，有拉姆·达斯在身旁，他们该是多么的平静。此时，我想起我们俩共同的好朋友，艺术家玛丽·麦克利兰。拉姆·达斯和她的丈夫大卫·麦克利兰曾经是就职哈佛大学社会心理学系的同事。玛丽身患胃癌后也清楚自己去日已近。我记得，她家的天花板特别高，玛丽躺在一张超大的床上，灰白色的头发梳成松散的辫子，看上去脸色苍

---

① 事瑜伽（Karma yoga），通常译作业瑜伽、事瑜伽、实践瑜伽，或音译为卡玛瑜伽。本书采用圣严法师在《禅的体验》一书中的表述——事瑜伽。事瑜伽由古印度瑜伽派的帕坦嘉利将瑜伽实际修行体系化而成。详见圣严法师：《禅的体验》，西安：陕西师范大学出版社，2009年版，第7页。

白,整个人形如枯木。当死亡日近,玛丽的意识时有时无,有时候醒过来会对着我们微微一笑,好像她刚从"那边"逛了一圈回来。披头士乐队创始成员约翰·列侬去世后的第二天,我们和过去数天一样围坐在玛丽床前。她基本上一直都紧闭双眼,后来睁开眼睛望着我们的时候,我们问她,那边怎么样?她说:"现在那边有非常棒的音乐了。"

我对拉姆·达斯说:"玛丽刚走那会儿,我感觉房间里有一种熟悉的气息,一种存在。上一次我有这样的感受还是小宝宝出生的时候。完全一样的一种感觉,你不会感到紧张不安,只是感受到一股来去无形的存在。没有丝毫的惧怕,而是一种让人感觉极其安心、熟悉又亲密的存在。这些个人的体验让我相信我们的确与一种充实、究竟、彻底的存在相连接。"

拉姆·达斯说:"多好的见证。无有分离,天地有灵。"

我接着说:"玛丽死后,我们做的第一件事就是从马萨诸塞州剑桥友好学校接回了欧文和钱德拉,觉得孩子们应该和玛丽在一起。整个过程很自然。你知道,通常大家都不让孩子见已逝之人,即使见,也大都在医院、养老院这样陌生的环境。如果我们总是回避死亡,又如何能解脱对死亡的恐惧呢?"

拉姆·达斯说:"人们把死亡藏了起来,也把它过度医学化了。医生们总觉得病人死亡是他们的失败。死亡不过是生命的一种自然过渡,何谈失败。"

"是呀。坐在刚刚过世的玛丽身旁,我认识到,即使一个人再虚弱,有一口气在与真正的死去还是完全不同的。一个人或许生病,甚至是处于濒死状态,但那种临终的虚弱与健康活着的结实之间的差别远远不及一个人的生死之别。"

看见彼此

拉姆·达斯静静地望向窗外的海洋。过了一会儿，我说："我最近刚读了一本书，《最好的告别》（*Being Mortal*），作者是一位外科医生，名字叫阿图·葛文德①。他开篇就讲自己在医学院学到很多东西，唯独没有死亡这一课。"拉姆·达斯当时还没听过葛文德的名字，他本人也对中风后诸多帮助他缓解痛苦的医生心存感激，但对死亡被完全医学化的现象，他有不同意见并且思考良多。

"我妈妈去世……" 拉姆·达斯想起了自己的妈妈，没有接着往下讲。

他经常提及这段往事。我翻看自己的笔记，发现

---

① 阿图·葛文德（Atul Gawande）是一位印度裔美籍外科医生，作为优化现代医疗保健体系方面的专家而闻名于世。他是《时代周刊》2010年全球100位最具影响力人物榜单中唯一的医生。

了一份他之前的演讲稿。我把其中他讲到母亲的部分大声地读了出来:

1966年,当我的妈妈——她的全名是格特鲁德·莱文·阿尔珀特——即将离开这个世界的时候,我在医院里陪了她很多天。我清楚记得死亡带给人的那种令人压抑焦虑的情绪。所有的医护人员和前来探访的亲朋好友,又好像事先说好了一样,非常默契地假装没有"人之将死"这件事。我坐在那里,目睹了太多或许我不应该看到的场景。我看见医生、护士走进来,以一种职业化的轻松语气说:"你看上去不错。今天有喝汤吗?哦,你的气色好多了。牙齿怎么样?"护士们会当着我妈妈的面说:"医生已经给你安排了新的治疗方案。"可转眼就在走廊的另一头说:"她再撑不过两天了。"日子越近,她身上的针头、插管就越多。大家都在竭尽所能地想要保住她的最后一口气,然而,她整个人的状态都在告诉我们:"我不行了。"我的妈妈,在切除脾脏后患上了白血病，在最后时刻整个人瘦得只剩下80磅①，虚弱不堪，奄奄一息。

我的妈妈是一个典型的犹太妈妈。她想要建立的是一个会让所有出色的犹太妈妈都感到骄傲的完美家庭。她为此投入自己全部的爱，但也只有当我们符合她的期望、达到她的期待时才会表达这份爱。我有两个哥哥。比利是田径明星，也是律师，是她眼中的乖孩子，社会成功人士。伦纳德不仅擅长钢琴和管风琴，也是入读哈佛商学院的优等生。和他们相比，我好像一直有些不着调。先是选择学习心理学，听上去就没有学习法律、商业来得重要；再后来，又因故离开哈佛。可想而知，我的妈妈对我是多么的失望。

在医院陪护期间，她有一次以极其微弱的声音对我说："理查②，知道吗，你是唯一一个可以与我谈论死亡的人，谁都不想和我聊这个。你觉得死亡是什么呢？"谁曾想，我们俩第一次聊死亡是在这样一

---

① 80磅约等于36千克。
② 拉姆·达斯原名理查德·阿尔珀特（Richard Alpert），理查是理查德的简称。

个死亡步步逼近的狭小空间里。也许,人之将死让她放下了所有的人生掌控感。我对她说:"妈妈,从我的角度看,我会觉得死亡就像是大厦将倾或者失火。但是你还在第二层,我认得你,你也认识我,即使肉体泯灭,但我们之间的连接并不会改变。依照我的理解,从我的个人经历与所学出发,我坚定地相信,妈妈,你哪儿也不会去。你的身体机能在消退,但是你依然和我们在一起。"

她也开始表现出一些临终者常有的状态。譬如,她会说:"我被骗了。我才64,我妈妈还活到80呢……我没有被……公平对待……"她还说:"我那么信任那个医生,以为他会这么做,结果他没有。"她将自己所有的信念都交托在医护人员手中,问题是医护人员并不掌握生死大权。

我的妈妈是一个很有口腹之欲的人,特别喜欢精心制作的点心和菜肴。人在临死前,往往会丧失嗅觉和味觉。所以当她发现自己已经没有了嗅觉和味觉,整个人无比失落沮丧。前来看望她的亲戚每次都会带着自己精心制作的美味糕点，可这一切于她已毫无意义。很快，她的假牙也开始不适，令她疼痛难忍，最后只好全部取出。此后，她总是手拿一把小扇子遮挡脸部，我没有看到过她没有牙齿的样子。

我的妈妈最后是在重症监护室走的。他们不停地按压她的心脏，把所有在医院里能做的都做了，但她还是走了。

妈妈的葬礼在波士顿最大的一家会堂举行。因为我爸爸是那里的董事会成员，所以有数百人前来追思送行。在葬礼上，我们往她的灵柩上铺了一层玫瑰花毯，在场的每一个人都表情肃穆。

我的爸爸妈妈每逢结婚纪念日都会给对方送一份礼物和一束玫瑰花。这个庆祝方式他们保持了44年。那天，当我们扶起灵柩缓缓向前，一朵玫瑰花突然从花毯上滑落，径直落在了走在最后的爸爸的脚前。我们四个人齐刷刷地看着那朵玫瑰花。虽然它究竟意味着什么，我们四个人的解读可能不一样，但我们都知道它的出现一定不是无缘无故的。在我们继续迈步前,爸爸弯腰捡起了那一朵玫瑰花。

接着,我们一起坐进了一辆黑色大凯迪拉克。大家一言不发,好像都不愿意率先暴露自己的心思。后来,还是我二哥先开了口:"我觉得这是妈妈传递给爸爸的最后一条信息。"全车的人,包括我嫂子,都点头同意。我们那个一贯以唯物主义的眼光看待宇宙自然的爸爸在回家后开始寻找一个合适的方式想要永久保存那朵玫瑰花。最后,它被放置在一个装有液体的玻璃球中。经年累月,那朵玫瑰花和球中的液体都开始咸化。但这么多年来,从一个壁橱到另一个壁橱,它始终和我们在一起。妈妈走了,玫瑰花却留了下来。很久之后,我有一次在爸爸的车库很靠后的地方又找到了它,便把它带回了我现在的家,摆放在我的供桌上,时刻提醒自己世事无常。

读完这一段,我们俩都静了下来,心中若有所思。我说:"我喜欢这朵玫瑰花,它让我想起了拳王阿里去世时的故事。阿里有一句令世人津津乐道的名言,'我要以蝴蝶飞舞之姿闪躲,又像蜜蜂蜇人般痛击对手'①。他去世后，他的家人护送他的遗体从斯科茨代尔飞回路易斯维尔。回家总是让人感觉美好，不是吗？他们后来发现就在他们一行人还在飞机上的时候，路易斯维尔阿里中心外的一棵树上聚集了差不多两万只蜜蜂。阿里的姐姐觉得这是阿里在和他们打招呼。"

拉姆·达斯笑了笑，接着说："我和我妈妈那次在医院的谈话，我感觉很自由很放松，我们两个人并没有怎么聊死亡这个概念，聊得更多的是人在那个时间点的一种状态。"

"这一次的交流对她有帮助，对吗？"

"是的。其实，在病床前的每一个人都能感受到每一位探望者本身所带有的那种对死亡的忧虑与恐惧。我和我的妈妈反而像是两个充满了意识的大泡泡，是这种忧虑与恐惧的见证人。医院里的医生们进进出出，拼尽全力想让她活着。在这个过程里，死亡根本就没有一席之地。"

---

① 这句名言的原文为"Float like a butterfly, sting like a bee."。

此时此刻

我们俩坐着,许久没有说话。窗外,海天一色。这时,一架小飞机穿越云层,划过长空。

拉姆·达斯说:"如果我现在是这架飞机的驾驶员,就得忙得一刻不停:掌控电台、转盘、控制装置,保持机身上扬,留意空中交通。若是如此,朵朵白云就是障碍。真心感谢我此时此刻是坐在这里,观白云之悠悠,怡然自得。"拉姆·达斯说着,心满意足地笑了。

"你当飞行员的时候,也是真心喜欢呀……"

"是,是爱,一点没错。不过,此时此刻,我很高兴自己是坐在这儿的。"

"我也是。"

回到原点

我返回自己的房间查收邮件,却怎么都无法集中注意力。躺到床上,呆呆地望着天花板,我问自己:你到底有多害怕死亡呢?说实话,我不知道。我觉得自己不是很怕死,但又很想看到孙女达利娅长大成人。或者,我只是找了一个这样的借口愚弄自己?我有些焦躁不安。

自从姐姐芭芭拉去世以后,我一直对自己说她走的时候比我现在还年轻,主要是因为她的生活方式不健康:又抽烟又喝酒,一点也不爱惜自己。我就不一样了。过去40年,我每天坚持练习瑜伽、打坐,选择有机食品,常年使用跑步机、举重器,按时服用钙片、维生素D,生活得健康又规律,甚至也在为死亡做一些心理准备。她是她,我是我——一个多年来认认真真学习冥想以及如何实现超长寿的我。实际上，我比芭芭拉就小六岁。天知道我会何时何地何故离开人世。也许，我的妈妈和姐姐都因身患癌症去世并非巧合，也和姐姐是否抽烟没有关系。换句话说，我很有可能也会这样。或许，一直以来回避问题的人是我！或许，一如一位哲人所言，我仍需再多多冥想。

我想起今早读到的佩玛·丘卓的一段话：

让我们回到原点，回到我们身体里最小的骨头。安闲恬静于此刻，轻安自在于无望，无忧无惧于死亡，不抗拒万事有终的现实，不思量已过之事，世间万物莫不千变万化，无有恒定——此乃世界之根本。[1]

拉姆·达斯经常引用卡洛斯·卡斯塔尼达[2]以唐望为主角的系列作品中的语句。唐望在书中说，时刻记得死亡就在你的左肩，它一直与你同在，是我们此生唯一的智慧导师。生命如此珍贵，并不是因为它永

---

[1] 佩玛·丘卓：《当生命陷落时：艰难时刻的心灵建议》（*When Things Fall Apart: Heart Advice for Difficult Times*），波士顿：香巴拉出版社，2000年版，第57页。
[2] 卡洛斯·卡斯塔尼达（Carlos Castaneda, 1925—1998）是秘鲁裔美国作家与人类学家，以唐望系列图书而闻名。

不停息，而是因为每一个不可多得的、无以复制的当下。刹那之间，时空消隐，即是永恒。"让我们安静心灵，倾听它的声音，清晰知道万事皆可发生。"[1]

问题在于我们抗拒变化，害怕未知。然而，万事万物无时无刻不在千变万化中——起伏的波浪，飘荡的白云，以及你和我。如若我们当下凝神静气，就会体察到变化的无所不在，进而学习它、接受它。接受，并不意味着面对变化有可能带来的痛苦，听之任之，毫无作为。恰恰相反，以罹患癌症为例，我们需要尽可能地医治自己和他人面对癌症时所遭受的心理创伤，而不是以抗拒、排斥甚至愤怒的情绪对待它。接受现实，衡量选择，积极有爱地予以应对。

---

[1] 妮娜·怀斯（Nina Wise）：《装扮成普通生活的运气》（*Luck Disguised as Ordinary Life*），参见妮娜·怀斯官网 https://www.ninawise.com，访问点击 https://www.ninawise.com / luck-disguised-as-ordinary-life。

苦难是恩典

那天午餐后,我和拉姆·达斯再次开始对谈。一开始,我有点担心他可能因为身体吃不消不想接着聊了。没想到,拉姆·达斯说没问题。对一个二十年前得过脑溢血的人来说,他可真是精力充沛!当年,一大批医生断定他只有百分之十的存活机会。后来,历经三家医院、数百个小时的康复治疗,他终于坐着轮椅回家了。

我们俩各自落座。拉姆·达斯找了一个舒服的姿势坐好,盖上了围毯。午后的阳光洒在窗外的棕榈树叶上,熠熠发光。我们还有很长一段路要走,但好像谁也不着急,安然闲坐于此时此刻。

我告诉拉姆·达斯,自从着手为这本书做准备,我对死亡的恐惧就开始减少了。"我的意思是,对死亡，大家都有恐惧，但我没想到自己心中的恐惧会那么的强烈。当我坐下来，面对它，读书修习，增加了解，内心便开始逐渐释然。有时候，快睡着前，我会想象这就是要死了，便轻轻地将一切放手。不论怎么说，我让自己接近死亡、思考死亡这件事已经让我的生活发生了变化。"

我接着提问："还有什么方法增进了你对死亡的理解，并由此进一步地释放了你对死亡的恐惧呢？"我想要以一种纯粹开放的态度，而不是某种暗含预设答案的态度，提出我的问题。

拉姆·达斯沉默良久。我能感觉到他试图捕捉自己此时此刻听到这个问题的所思所想，而不是一股脑儿把以往曾经说过的话再说一遍。"中风差点儿要了我的命。我和死亡打了个照面，又活了过来。这份痛苦反而消除了我以往的很多恐惧。痛苦并没有加深恐惧，而是让我更真实地面对自己。"

拉姆·达斯接着说："玛荷罗基还在的时候，我和K.K.沙阿有一天夜里去找他。难得有机会和他那么安静地坐在一起，玛荷罗基对K.K.说：'我要为他做点事。'这个'他'指的是我。会是什么事呢？这个问题困扰了我很久。中风以后，生命跌至低谷。K.K.提醒我说：记得吗，玛荷罗基说过要为你做点什么，'我感觉这个什么可能指的就是中风'。所以，有相当长的一段时间，我一直把中风看作是玛荷罗基送给我的礼物和祝福。"

"直到后来，悉达·玛（Siddhi Ma，她继承了玛荷罗基的衣钵）有一次观看拍摄我中风后生活的纪录片《激烈的恩典》。我在这部纪录片里也有讲到我觉得中风是玛荷罗基对我的祝福。她听到我这么讲，惊呼道：'哦，拉姆·达斯怎么会这么想！玛荷罗基怎么会把中风当祝福送给他?! 中风是身体疾病，怎么会是礼物?! 如何接纳并与之共存、如何从中有所修习，才是玛荷罗基送给他的礼物和祝福！'是呀，这也是我现在的想法。"

"中风所带来的痛苦以及那种愤怒的情绪，对我来说反而是一种心灵抚慰。它让我不再畏惧死亡，也让我更接近上帝。我不得不面对它、接受它、放下它。我所说的抚慰不是说要时光倒流回到过去，假装对现状视而不见；而是指帮助我获得一种与现状同行并进的能力。中风彻底改变了我的生活，但我并不把自己视作是中风的受害者。自从经历了中风，其他老年问题在我这儿就显得不值一提了。我心无畏惧。苦难就是恩典。"

对拉姆·达斯来说，人生无常，充满探索。作为多年好友，每当我们在各自的生活轨迹里，无论是尝试新的修行体验、跟随新的老师或是拜访某个圣地，我们都会彼此交流心得，分享生命的点滴改变。

1997年，拉姆·达斯按计划在写作《还在这里》（*Still Here*）这本书的最后一章。结果，谁也没有想到他会经历很多作者可能在写作过程中都曾设想过的一幕：中风。他的生活就此改变。

事发几周后，我前往位于加利福尼亚瓦列霍的恺撒基金会康复中心看望他。拉姆·达斯躺在病床上，脸色苍白，一侧瘫痪，双眼注视着一幅玛荷罗基的画像。我们俩谁也没有开口说话。过了很久,他看着我,抬起手,指着自己偏瘫的一侧,感觉想要说点什么。在这间无菌病房,我看着眼前如此熟悉的他,泪眼蒙眬。他的两根手指沿着手臂由上而下,就像原来老黄页里经常出现的广告那样,模拟走路。这就是道路,这就是旅程。

"学习。" 拉姆·达斯说。紧接着,漫长的沉默。"学习……忍耐。忍耐。"说完,他闭上了眼睛。

爱是解药

后来我问道:"如果我还没有做到与心灵一体,心中恐惧依旧强烈,要如何才能从分别心、分离感中解脱呢?"

"修习慈悲与爱。唯有如此,方能转化分别心与分离感，让心中充满万事彼此效力的连接感。心中有爱，才能以爱看待万事万物，无有分别亦无有恐惧。要相信心在修习中会不断地充盈强大。安静心灵，体验慈爱，感受你与世界的紧密相连，这便是真正的自由自在。"

"好的。"我好想停下来，把拉姆·达斯传递的信息好好地吸收消化一下。

拉姆·达斯接着说："玛荷罗基说个人一切具足。我将之理解为即使身处困境，面对死亡，依然有一个可以停歇之处，那便是爱。要秉持一种信念，告诉自己一切都在以它原本的样子徐徐展开。我之所以这样说，是因为我深信玛荷罗基。在这一点上，你也和我一样。当我们在心灵深处安歇，完全可以对自己的觉知与爱充满信心，因为爱真实不虚。爱的能力不属于某个人或某些人，而是众生皆有。我们在爱中生活，也在爱中死去。"

"玛荷罗基所有的教导都是爱，内心越是开放就越是能给予爱、接受爱。无论身在何处，即使正在走近死亡，爱一直都在。它是开端，是中途，是结束。爱，触手可及。弗兰克·奥斯塔斯基曾对我说：'爱无边界，众皆可得。'"

是的，我现在清楚地知道：爱不是一种情绪、感觉，而是一种存在方式，是恐惧的解药。爱，恒久深远。

拉姆·达斯说："我们每一个人都具有爱的能力。通过不断地修习践行，我们心中的爱会越来越多。安于当下，放下执着，慈悲为怀，在爱的觉知中告别世界。我们在爱中修习的每一步都会让我们在爱中停留，成为爱的存在。"

"当我完成从'自我'到'心灵'的认知改变，再看其他人，他们也成了与我心灵相接的存在。我从思考、在意'自己是谁'开始向内转变，逐渐具备直观、直觉的能力，成为爱的觉知。这是从外在身份认定向内在精神感受的巨大转变。"

我接着问拉姆·达斯："这份爱的觉知，你是怎么修习的？"

"其实,任何人任何时间都可以。集中心智于你的心肺之间。一呼一吸间,不断重复'我是爱的觉知'这句话,沉浸其间,便会在爱的海洋中自在遨游。记住,一直就在这里,以一颗平静柔和的心进入爱的波流。"

"爱是面对死亡最好的准备。周围的世界无时无刻不在变化之中,我心无挂碍,唯有爱的觉知恒久不变。活在当下,刹那即是永恒,死亡亦在转瞬之间。"

大家都爱的晚餐时间,到了。

死亡就在左肩

第二天,我们一起回到拉姆·达斯安静的房间。这时,窗外传来工人清理排水沟的声音,他对我说:

"听,排水沟瑜伽。"

拉姆·达斯立刻直入主题。我们决定从时刻铭记"死亡就在左肩"这件事谈起,探讨如何在死亡如影随形的现实中放手恐惧与抗拒,以及如何认识和熟悉死亡。我提起自己认识的一位水管工,他差点因癌症过世。如今,他每次和别人说再见,都把它当作自己的最后一次。如此一来,他感觉真是到了自己要走的那一天,一切都会一如所愿:充满爱。

"真美好。" 拉姆·达斯说,"我有一次去了关押死刑犯的圣昆汀监狱。"

拉姆·达斯开始给我讲他访问死囚牢房的故事。当时,这座监狱的在职牧师、我们共同的朋友史密斯伯爵邀请他访问这座"全美最危险、最令人毛骨悚然的监狱"。圣昆汀监狱建于1852年,位于旧金山金门大桥以北仅12英里[①]的马林县,关押着来自不同阶层的各种罪犯,包括强奸犯、儿童伤害犯、谋杀犯以及连环杀人凶手。

---

① 12英里约为19.31千米。

拉姆·达斯一走进这座监狱的铁闸，就被直接带到了死囚牢房。那里关押的大都是未来60到90天之内将会被执行死刑的囚徒。他们看上去黯淡无光。拉姆·达斯走近每一个牢笼，透过"狭小的送餐空间"和那些犯人一一握手。大概35个人里有差不多5个人以一种看上去"开放、明确、安静、有意识"的态度回应了他。拉姆·达斯说他感觉自己像是在参观一座修道院，牢房里的每一个都是修士。他们中的每一个都正在直面死亡，那种情形就像是"人生戏剧突然中断，只能到这儿了"。

拉姆·达斯带领那些人一起冥想，将爱与安宁散播到死囚牢房里每一个人的心中。后来，"当每个人的眼中都透出了光"，拉姆·达斯说他深受感动，最后离开时依依不舍。

研究死亡与悲伤的心理学家伊丽莎白·库伯勒-罗斯后来对拉姆·达斯说："我们都是死囚。"是呀，我们都需要铭记此生有限。对死刑犯来说，他们不用像平日里的我们一样，假装死亡不会发生。

茂宜岛的怀抱

下午，雷奥胡·莱德过来小坐。拉姆·达斯刚好在休息，我便和她一起在室外聊起了茂宜岛。雷奥胡是夏威夷本地人，她富有远见，是一位精神导师、治疗师、歌手、作曲家和教育家。她和自己的伴侣梅丁一起为拉姆·达斯在岛上的冥想会主持开幕式和闭幕式。我告诉她自己正在和拉姆·达斯一起写一本有关死亡的书。我说，死亡是开始也是结束，希望她能对我们在茂宜岛——这样一个让人获得治愈的岛上所正在展开的对话有所帮助。

我去过夏威夷的几个海岛，但在拉姆·达斯搬来茂宜岛之前还真没有来过这里。我有朋友出生、长大在瓦胡岛。我自己也曾在夏威夷岛上开办过冥想会。那一次，来自波利尼西亚航海协会的纳伊诺·汤普森还专门教我们如何观星象以为航海导航。住在摩洛凯岛上的时候，我喜欢看哈勒·基洛哈的草裙舞表演，也喜欢听洛诺的老派音乐。但对茂宜岛，我真的所知甚少。

雷奥胡坐在阳台的椅子上，面朝花园。她的皮肤透着阳光般的光泽，棕色的头发轻柔地卷曲着。她对我说："拉姆·达斯就躺在茂宜岛的怀抱里。岛上的哈雷阿拉卡是群星的入口。就在我的导师、年迈的姨妈玛希拉尼·波波临终前，拉姆·达斯来到这里。自那儿以后，茂宜岛一直都是他的心中圣地。我带着他去普普库卡·黑奥，我们敬拜天地的庙宇、光的入口，拉姆·达斯当场就哭了。他说：'这就是我来到这里的原因。'"

"拉姆·达斯来了，来岛上的'家人'就越来越多了，我们都是一同追寻真理的伙伴。人们因他聚集，他散发出来的光芒与能量里有爱、平和、慈悲以及我们彼此的连接。"

我说："玛荷罗基常说去爱每一个人，服务

每一个人；拉姆·达斯说去爱每一个人，滋养每一个人。"

"米拉拜，究其本质，我觉得他们是一样的。"雷奥胡回应道，"茂宜岛在滋养、增强拉姆·达斯的心灵，他的影响因此遍及世界各地，大家一起跟随他敞开心扉学习爱。在岛上，拉姆·达斯感受着风，倾听大自然的声音，安心自在于这爱的海洋。"

"他好喜欢每周的海泳。"

"是的，在海里的时候，我一直提醒他望出去，我们的家人——鲸鱼、乌龟、各种各样的鱼——不停地游过来和他说话。"

"茂宜岛是一个让人改变的地方，"我说，"拉姆·达斯一直充满爱，但现在，他就是爱。"

"茂宜岛有一种女性阴柔的气质，帮助我们达到阴阳平衡。群星闪烁的天幕就是通往别样世界的入口，是天地对话的通道。"

"建造这座房子的这方土地有什么特别之处吗？"

"这里有一条通往大海的公用小路，渔民在这里钓鱼。我们的祖先就在这个房子的周围，为拉姆·达斯传递祝福。"

被训练塑造的自我

清理排水沟的工作完成了，叮叮咚咚的风铃声成了此时从窗外传来的唯一声音。

我说："拉姆·达斯，我找到了你先前的一篇有关自我的演讲稿，现在读给你听。"

没有内在的、固定的自己——我们无有边际。"自我"是我们组织世间万物的一种心识结构，特别是与分离的各种关系相关。它就在主宰分离的领域。自我是一个分离的个体在这个宇宙、这个世界、这个层面上赖以生存、运转的一套管控机制。然而，在你内心深处的另一个部分，它想要融合、保持平衡、乐于奉献、毫不计较,就像野地里的百合自然而然尽情绽放,又如不计条件、毫无保留的爱。所以,你的这两个部分之间充满了张力。

作为一个个体,我出生在一个条件不错的家庭,家人也让我非常好地社会化了。对于我是谁,你是谁,具体要怎么做才能在这个社会上生存,我都有一套完整的认知模式。

然而,这一路的困境就在于我忘了自己是来到这个世界的一个个体。我以为自己就是电脑程序。30年来,我忘了自己究竟是谁。我终日忙碌奔波,想要成为心中设定的某个人,成为被别人训练塑造的某个人。这一部分的训练刚刚结束,我就马不停蹄地投入要成为"某个特别的人"或"某个与众不同的人"的训练大军。时至今日,和在座的你一样,我们都觉得自己与众不同。我们开始把自己当回事,觉得这个"自己"非常真实。这就是我们大部分人在大多数时间所面对的困境。

我这样的人生在遇到蒂莫西·利里之后开始发

生改变。他想要我——这个他爱的人——和他一样。结果，我在内心的另外一个位置看到了那个平常的自己、自以为是的自己，看到了我作为理查德·阿尔珀特不断变化的各种身份的游戏。游戏很有趣，但那不是我的全部。我认识到，原来我是谁，你是谁，远比我们所知游戏更精彩有趣。作为一个个体，我以往仅仅沉迷于自己熟悉的生活方式，不断陷落在自我意识中无法自拔，从没有以精神为中心的角度观照现实世界。俄国哲学家乔治·伊凡诺维奇·葛吉夫说："如果想逃出牢笼，首先必须意识到你深陷其中。如若感觉自由，岂有出逃可言。"当时我清楚地知道我不自由。我已经从一个全新别样的角度看待周围的一切，所以我开始寻求一种精神的视角。而正是这种寻求让我最终遇到了玛荷罗基。

现在，当你在发展你玩这场人间游戏的中央电脑——自我意识的时候，问题并不在于自我本身而是在于如何认同自我。在这条精神寻求的路上，你并不需要完全摧毁自我，而是不再认同它。将自我视作一个功能单位，你也的确需要这项功能，譬如此时此刻，我正在和你们交谈，我知道这里有一个我，一个你，我们在同一个层面彼此交流。然而，与此同时，如果我与内心的自我相接，那么我也知道我正在和我的自我对话。

自我是一个糟糕的主人，却是一个出色的仆人。如何将这个主人变成仆人便是我们需要掌握的艺术。罗摩克里希纳曾经讲过一个马车夫的故事。他说有一个马车夫坐在一辆马车上，马儿是我们的欲望，马车夫是我们的自我。马车夫觉得万事皆在自己的掌控之中。可是不曾想，马车里还坐着一个业已觉醒的更高级的自己。只听这个自己敲了敲窗户，说："嘿，在这儿左转。"马车夫问："你是谁呀，指挥我？你是在这儿做什么的？"觉醒的自己回答说："我是这辆马车的主人，你是我的仆人！"自我大呼一声："该死！是我在玩这个游戏，没有我你怎么活！"所以说，训练自我并不容易。

自我不建立在爱之上，而是建立在担心无法生存的恐惧之上。如果你将自己仅仅等同于、认同于自我，便必然生活在恐惧之中。正是出于恐惧，你会对自己过度补偿，继而做出将自己与他人进一步分割、分离的各种决定。

死亡为我们打开一扇窗，让我们知道生命需要舍弃所有对欲望和结果的执着，让我们按照生命原本的而非我们想要的样子自在而活。

我念完这一段，拉姆·达斯说："听上去不错，让我想起《纽约时报》一位退休编辑给我写信的那段时间。他当时刚刚创办了一本名为《讣告季刊》的杂志，让人们在去世之前自己写好讣告，由此可以在真的过世以后有一份自己中意的死亡宣告。每天有很多人读这些刊登的讣告，因为觉得它们都是真实的人生。他写信邀请我也为自己写一份，说实话我不太想，感觉这有点……也太可爱了吧。但过了段时间，我还是写了。一开始写的是出生、受教育、父亲、母亲、大学、出书等等——你知道，按部就班的时间流。然后我写道：'在他生命过半时，意识到自己走错了方向。他一路奋斗,孜孜不倦地想要成为某个人;到头来却发现原来游戏规则与任何人无关,不需要成为任何人,任何自以为特别的人。事实上,这则讣告的刊登就是他失败的明证。'"

我笑着说:"真是精彩!乔治·奥威尔①说过,面罩戴久了,脸真就慢慢长成了面罩的样子。"

"完全正确,大多数人即是如此。如果你足够幸运,听闻了'道',知道成为宇宙万物一分子意味着什么,就会知道自己毫无特别之处,就算你也许会在某一个过程里扮演特殊的角色,譬如一些机缘巧合下的我。事实上,有关'拉姆·达斯'的记忆在时间的长河里不过是短暂的停留。"

拉姆·达斯停了一会儿,接着说:"《奥兹曼迪亚斯》②……"

---

① 乔治·奥威尔(George Orwell, 1903—1950),本名埃里克·亚瑟·布莱尔(Eric Arthur Blair),英国左翼作家、新闻记者和社会评论家。《动物庄园》(Animal Farm, 1945)和《1984》(Nineteen Eighty-Four, 1949)为其传世代表作。
② 《奥兹曼迪亚斯》(Ozymandias)为雪莱发表于1818年的诗作。雪莱(Shelley, 1792—1822),英国著名浪漫主义诗人。

"雪莱的那首诗?"

"是的,"拉姆·达斯缓缓地说,"有人自沙漠,自贫瘠的沙漠而来,说他发现一座巨石自黄沙崛起,上刻字迹。他拂去沙尘,大声读道:'我是万王之王,奥兹曼迪亚斯;看我功业盖世,纵然你是天神大能亦不能及!'"

我说:"奥兹曼迪亚斯还真是特别呢,他可是古埃及最重要的法老拉美西斯二世(Ramses II)。不过,除了这个名号,黄沙漫漫,他的'功业盖世'早已荡然无存。"

降服合一

海洋广阔,一眼望不到边。尽管此刻,我知道浪花也正在大海的另一端拍打着阿拉斯加的科迪亚克海滩;但在我的心里,大海就是万物一体,无量无边,无有始终。

"这片大海帮助我降服心性，与宇宙万物合而为一，"拉姆·达斯说道，"不断修习，以降服之心性迎接生死。我时常观海生喜，如此广阔的平静之态，在我看来，它就是万物一体。"

我和拉姆·达斯聊起我的朋友戈皮·卡拉伊尔一个月前在授课时提到的一个比喻。我和戈皮·卡拉伊尔当时正在谈论瑜伽这个词表示"结合、连接"之意，是个人意识与一种更广阔、更普遍的意识的结合。戈皮说可以先把自己想象为一个冰块，我们有立方体的形状，有蓝白色的颜色，有较低的温度和光滑的质地，这一切组合起来便成为我们作为"冰"的状态。我们对自己是"冰块"这件事确信无疑，也始终让自己处于零摄氏度以下。然而，一旦我们掉入海洋，有限的自我认定便转眼不见，因为我们已经融入那广阔无边之中。我们作为冰块的状态在融入海洋那一刻消失不见，而我们的本质依然存在。我们成为万物一体的一部分。

"这是一个很好的比喻。"拉姆·达斯说。

接着他想去趟洗手间,听到对讲机呼叫的拉克什曼很快就来到房间,温柔地将拉姆·达斯从扶手椅抱到轮椅上,推着他去了洗手间。他去了大概15分钟。我坐在那里,心里想拉姆·达斯在最基本的生活层面上都不得不求助他人。拉姆·达斯回来以后,拉克什曼端来热水让他泡脚。

我说:"我对上次脚受伤以后的康复过程,至今记忆犹新。开口求人帮忙好难啊!记得有一次我躺在那儿,看着房间里花瓶中的花,好想重新摆弄一下。就这么一件微不足道的小事,却快让我发狂了。这件事我无法假借他人之手,可自己又做不到。这样的情况数不胜数。我只能躺在那儿,看着那一把雏菊,一脸的不高兴。"

"哈,我懂,我懂,我懂。"拉姆·达斯说。

像树一样老去

再次坐好以后,拉姆·达斯说:"人老了就是这样。如果一个人在意外表,接受老态龙钟就不大容易。想想以前……"他停了下来,安静地坐着,好像是要把自己说出来的话再回味一会儿。

我们俩就这样坐着,没有再说话。

过了一会儿,我问他:"要在这本书里也讲讲老去吗?我知道你在《还在这里》这本书里讲了很多。"

"嗯,昨天有个记者电话采访我,一个朋友也在线上帮忙。我找到合适的词,她帮我把整个句子表达完整。那一刻,我真觉得自己就是个老头子。其实,我很少把自己当老人看,经常是……" 拉姆·达斯眼睛一亮,"真是拉德!"

我听了，哈哈大笑。一天前，有个人对拉姆·达斯说："你可真是拉德！"他听完不得不去问卢西恩这个"拉德"究竟是什么意思。原来，"拉德"是辐射吸收剂量的单位，可以理解为"炫酷极了！"。我说："是呀，我们都不介意是个老灵魂，但当一个老人，一个老头——这感觉还是差得太远了！"

我们俩都笑了。

拉姆·达斯说："人老了也就解放了，可执着的东西越来越少。以前梳头发还很在意掉头发，现在光头一个，再也不用操心了！"他说这句话的时候意味深长地笑了。

他接着说："我们需要找到一个合适的位置，一个面对变化心无所惧的位置。顺应变化，应对变化，与此同时培养空性，使心境澄明，得圆融究竟。这也是个人修行的最高境界。"

"我们在一个物质主义盛行的世界长大，对提升存在的境界并不重视。在东方，很多人一生修行以备衰老与死亡。而在西方，我们终其一生想要否认和抗拒死亡。年龄越大，修行就越困难。朝死就不会是夕死。"

我们俩又沉默了起来。拉姆·达斯突然来了一个出人意料的大转弯，对我说："我想起了树。"

我赶紧眨个眼睛回到当下。

他接着说："面对此生身体的旅程，要有一种自然而然徐徐展开的态度，这与强调年轻和衰老的对立很不一样……就像一棵树……"

我们一起望向窗外优美的棕榈树。它们身姿摇曳，绿意盎然，何曾在意衰老。

我说："有一次，我从外地回家，有可能就是从茂宜岛，但具体的我忘了，E.J.去机场接我。我抱怨道：'哦，太累了，看来我真是变老了，飞不动了。'结果，他说：'哟，米拉拜，你是说你变老了？你哪儿是变老了，你是已经老了！'"

我和拉姆·达斯哈哈大笑起来。

我分享了几句自己很喜欢的保罗·西蒙①的那首生日歌曲《老了》（*Old*）："上帝老了，我们没有。上帝老了，是他做的模具。"

拉姆·达斯笑了。"当我知道我曾经遇见过玛荷罗基……那个感觉很奇怪。"

"在远久以前？"

"是的，感觉好久远。"

我说："你和大多数人变老的过程不一样，是中风让你衰老起来，所以平常那些衰老的指标在你这儿都没有什么意义。达利娅说有两种方法能判定一个人是不是老了：一个是满脸褶皱，另一个是富有智慧。很显然，你属于后者。"

"中风给了我不断向内修行的机会，让我拥有了不同以往的全新视角。事情刚刚发生的时候，其中的美意我并没有看到。病房周围几乎所有人都忙来忙去，忧心忡忡。我抬头看着玛荷罗基的画像，

---

① 保罗·西蒙（Paul Simon），美国流行乐歌手、唱作人、音乐制作人。《老了》这首歌收于其2000年发布的专辑《你是唯一》（*You're the One*）。

感觉他微笑着对我说：'别急，等等看。'我等待了，也看到了。现在我在等待死亡的来临，到时我会看到……"

拉克什曼过来帮助拉姆·达斯从水中抬起双脚，说："最好先擦干一下，我再取些热水过来。"他擦干拉姆·达斯的双脚接着说："好了，你们俩接着聊。"

其实，我们俩都想休息一会儿。拉姆·达斯双脚自由地躺在椅子上。我拿上笔记、录音机出门，走下了楼梯。

我一个人在洗手间望着镜子里的自己，看到一张衰老的脸。为什么人不是年纪越大越美呢？是的，是的，乔治亚·欧姬芙[①]做到了，艾拉·菲茨杰拉德[②]做到了，但我们大多数人都做不到。我摘下眼镜，镜

[①] 乔治亚·欧姬芙（Georgia O'Keeffe, 1887—1986），美国艺术家，20世纪的艺术大师之一。
[②] 艾拉·菲茨杰拉德（Ella Fitzgerald, 1917—1996），美国歌手，雅号"艾拉夫人"，被公认为20世纪最重要的爵士乐歌手之一。

子里的自己顿时有了波提切利①笔下圣母那充满光泽的皮肤，哈，多么奇妙！我们完全可以操纵自己的生活，只看到自己想要看到的。现实如此。我知道自己看上去老了是因为我真的已经老了，这也意味着我离死亡不远了。时常想起死亡有它的好处。

说话吧，记忆！

我在自己的房间，一边啜饮着茶，一边接着思考衰老这件事。我问自己：你对衰老的恐惧到底是什么？想了想，好像也没什么。这让我感觉不错。我是不喜欢额头上深深的皱纹，但也并不是那么地在意。但是，等等，那关于遗忘呢？不是说忘了譬如出生、第一次看世界之类的人生大事，而是日常生活的点滴

---

① 桑德罗·波提切利（Sandro Botticelli, 1445—1510），原名亚历桑德罗·菲利佩皮（Alessandro Filipepi），欧洲文艺复兴早期的佛罗伦萨画派艺术家。

琐事——我到底有没有把特鲁迪的手机号码存进手机？太阳镜放哪儿了？我究竟有没有答应依莎兰学院的授课邀约？

一个人丧失人人都有的基本记忆能力是一件可怕的事情，尤其是一两分钟前刚刚发生的事能转身即忘就更可怕了。我吃钙片了吗？每天早上吃维生素的时候，我都会问自己这个问题。我宽慰自己说，这一大早的，刚起床还不是很清醒，咖啡也还没喝呢。问题是年轻时，睡眼蒙眬，没喝咖啡，也会发生这种事吗？显然不会。简单说，我就是健忘了！

有段时间，我天天给自己的健忘找借口。心里嘀咕，刚才满脑子都是谁去教授课程的事，所以没留意把钥匙放哪儿了。有一天晚上，我从卧室的窗户望出去，看见冥想室里有光影。我忘了吹灭蜡烛吗？真是一点儿也想不起来了。如果真是忘了，那盏玻璃守夜灯会不会发生爆炸引发火灾？当时，我刚刚合上一本尼日利亚的小说，舒舒服服地躺在柔软蓬松的枕头上，实在是不情愿起身、下楼、穿鞋、出门、沿着石板路穿过办公室，最后到达冥想室。可总是放心不下，就只好跑一趟。结果呢，根本没有什么蜡烛。我看到的那点光影不过是我们为家里的狗狗纳丁安装的隐形篱笆的电池闪烁的橙红色信号灯。我原路返回，一路关掉所有的灯，回到床上，就再也睡不着了。

虽然如今大多数"记不起来"的都是些无关要紧的小事，可它带给人一种挥之不去的忧虑，担心以后万一想不起来的都是大事可怎么办。譬如做晚饭忘关炉火，想不起回家的路，甚至连自己是谁也说不清了！为了排除这种可能性，我近乎疯狂地吃维生素和各种补品（当然前提条件是我没忘记吃），做瑜伽、参加有氧锻炼，脑袋里装满各种项目，像是给达斯基金会写筹款信，为社会禅思心智中心召集会议，等等——哦，太多了，我都记不起来了！哦，对了，我还给达利娅找数学游戏，写有关正确生活方式的演讲稿。太多了！难怪我记不全。

我也忘了自己离死亡不远了。

死亡即一瞬

第二天,拉姆·达斯邀请卢西恩加入我们的对谈。20多岁的卢西恩在科罗拉多州长大,父亲在学术界工作。他的加入让我很高兴,因为我和拉姆·达斯大多是从中老年人的角度谈论死亡,然而死亡岂有年龄界限,再年轻的生命也可能骤然凋零。20世纪90年代,我和比尔·莫耶斯一起为名为"根据我们自己的条件"的项目工作。这个项目的宗旨是使临终者有权利选择自己的死亡地点与方式。我与弗兰克·奥斯塔斯基负责为该项目视频制作部门的工作人员传授一些冥想技巧,以帮助他们缓解在临终关怀中心拍摄相关纪录片时面对死亡所产生的恐惧心理。忙完一整天,我约了当时还在纽约大学电影学院读书的儿子欧文在曼哈顿东村共进晚餐。

我告诉他自己正在参与的这个项目，他表现得不是很有兴趣。我问他："那对你来说，死亡会让你想到什么？"他回答说："艾滋病、枪支、气候变化。"噢咦，观念及时重组！我内在的某种偏见也暴露无遗——纽约20岁的年轻人拥有别样世界，即使连人类最普遍的死亡话题，也和我的理解大相径庭。有一次，在纽约大学附近的一家书店，我偶尔听到一位学生对这个话题做了最典型的一个表达："活着就意味着终有一死。"所以，我很高兴有年轻的卢西恩加入我们的对话。

卢西恩说："人人都知终有一死，但死亡很难思考，因为死后究竟发生了什么，人类毫无实证经验。有一些人的确有过极其接近死亡的那种濒死体验，但那也还不是死亡本身……有导师提过死亡瑜伽（Death Yoga）。"

"那是什么？"我问道，"怎么听上去像是要保持'下犬式'这个姿势整整一小时。"

"死亡瑜伽的意思是在修习时强调关注'死

亡'，但我有朋友说他更喜欢谭崔瑜伽①，毕竟不总是一个姿势嘛！"是呀，这就是死亡，一个姿势，一击即中，没有彩排，所以说最好有所准备。

拉姆·达斯说，对他来说讽刺的是只有抽离当下，像之前那样谈论死亡才是一种最佳的准备。

卢西恩问："怎么才能做到在当前忙碌充实的生活中依旧觉知到死亡的存在？"

在拉姆·达斯给出答案之前，有关死亡的真实回忆便先被提及。卢西恩想起了自己儿时一只宠物的死亡。八岁那年，他有过一只叫"喵喵"的猫。"有一天，我爸开车不小心碾过喵喵的腿。我爸妈赶紧带它去医院打了石膏，回家后也告诉了我。到了半夜，我还是让爸妈带我去了医院。看到它的时候，我轻抚它受伤的腿。那一刻，我意识到我是那么爱它。可后来，很不幸，它还是走了。到今天我一想起来还是很悲伤。"

---

① 谭崔瑜伽（Tantra Yoga），也被译作密宗瑜伽。"Tan"的意思就是"扩张"，而"tra"的意思是"工具"。Tantra，即一种用来"扩张（觉知）的工具或方法"。

这段故事让我们每一个人都黯然神伤。

过了一会儿，拉姆·达斯说："死亡即一个瞬间，如何让生命安于每一个瞬间便是对死亡的预演。也就是说，活在当下就是最好的准备。你的所思所想就在这一个瞬间……这一个瞬间……这一个瞬间。你投入其中，便是生活的全部。当我们活在时光当中，思想的野猴上蹿下跳，一跃到过去，一跳去将来，这是思绪繁杂。但此时此刻，我们明明白白只在这里。死亡将是无数个瞬间当中的某一个瞬间。"

"死亡往往会突如其来，但是我们可以试着以死亡的反面，不是活着，而是出生的角度来理解它。人的出生与死亡，庄严神圣，中间的旅程却是无常。呼吸之间，方寸之间，生命起落。而我们的内心充满觉知，无有条件，恒久永远。"

"出家人慕宁德拉有一次对我说：'每一口气都是第一口，也是最后一口。'"

"出家人慕宁德拉是谁？"卢西恩问。

我说："他是我和拉姆·达斯第一次去菩提迦

耶时遇到的一位朋友。他和葛印卡老师走得很近。出家人是指'孤身云游四海，无有执着，一心钻研佛法的人'。"

拉姆·达斯接着说："我们可以将死亡视作礼物。是，我们基本不会作如是观，但对死亡的觉知会从根本上改变我们的生活，帮助我们认识如何生活。"

卢西恩说："嗯，我好像有点明白了，但是……"

拉姆·达斯这时讲起一个野草莓的故事。"有一天，一个在旷野徒步行走的人遇到一只凶猛的拦路虎。他拼命奔跑，一路跑到了高高的悬崖边。他探头一望，没想到悬崖下竟也有一只老虎。穷途末路时，他看到一株野草莓茎，便抓着它沿致命的悬崖往下爬，想要找一个可以停脚的地方。就在这时，竟有两只老鼠从悬崖上的一个洞中跑了出来开始啃咬野草莓茎。命中注定！突然，他看到野草莓茎上有一串丰满成熟的野草莓，伸手抓了一把塞进了嘴里。哇哦，人间美味!

"他知道自己命悬一线,却又无能为力。这一把野草莓就是他享受生命美好最后的机会,所以他没有将自己的时间浪费在沮丧恐惧之中,相反他尽可能地拥抱着当下的美好。"

我和卢西恩思考着这个故事,拉姆·达斯啜饮着茶。一则故事,一口茶,无一不是活在当下。

拉姆·达斯接着说:"这就是生死困境。每时每刻都有老虎前后夹击,好不容易抓紧的藤蔓也正在被啃咬;但也就是在这样的时刻,你会看到甜美的野草莓。那一刻,唯有野草莓香甜的味道。除非你纠结于已然发生的,又惊惧于可能发生的,不然,你肯定会享受到野草莓带来的美好。"

"死之奥秘乃生之奥秘,安于当下即是。临终之时,若有剧痛,如果你忙于将其推开,痛苦便会将你完全吞噬——或者你,你的亲人完全沉浸在未知带来的无尽恐惧之中,你们必定会错过那个当下可知可有的安宁。一切对死亡的准备,无非就是当大限接近,你可以像阿尔道斯·赫胥黎一样赞叹道:'天啊,看呀!超凡绝尘!哦,我的身体就要走了——多么有趣!到了,到了,我们到了。'"

爱每一个人

宇宙万物由爱而来，为爱而往。

——《鹧鸪氏奥义书》[①]

[①]《鹧鸪氏奥义书》是婆罗门教和印度教的早期哲学文献，通常被认为是11部主要奥义书中写成时间最早的一本。

一切皆是爱

拉姆·达斯今天一早的体温是37.9摄氏度，我们都担心是之前的尿道感染复发了。到了下午，他说自己感觉好多了可以会客，只是需要双脚抬高躺着说话。这次前来拜访的是我的两位来自硅谷的朋友，他们想要请教拉姆·达斯如何为改变世界尽一己之力。拉姆·达斯双脚高高抬起仰卧在躺椅上，他俩走进来坐在了躺椅对面的两张椅子上，一眼望过去，他们的眼睛刚好正对着拉姆·达斯的双脚，画面感觉有些奇特。拉姆·达斯对他们的来访表示欢迎。少顷，在座的每一位便对这样的"坐谈"方式不以为意了。

大家从个人存在与精神实践开始聊起。我的这两位朋友都在自己所从事的专业技术领域颇有建树，同时也在精神修行方面亲身实践。拉姆·达斯讲起自己的第一本书《活在当下》意外结集出版的故事，原本它只是一份有关如何放手、拥有信仰和拥抱快乐的讲稿。

"20世纪60年代，我在印度初遇玛荷罗基，开始修习冥想和瑜伽；之后回到美国，大家对我的这段经历都很好奇。我因此在纽约开始开设一些课程。有一位名叫莉莲·诺斯的听众，她是一名法庭速记员，她将我的授课内容整理成了一份非常完整的笔记，还打印了出来。就在我离开纽约的时候，她找到我，拿出一大摞纸交给我说：'这都是你的授课内容。'就这样，我的汽车搭载着后座上这一大摞意外得到的讲稿离开了纽约。

"之后没多久，我就去了加利福尼亚大学尔湾分校的依莎兰学院。当时，一对夫妇将自己别墅中的一间房提供给我住。我到达以后，一位在依莎兰做园丁的校工帮我提着行李，看到这一大摞的讲稿就很好奇。我告诉了他整个事情的原委。没想到,他本身是一位作家,说他有意帮我整理、编辑并筛选出一些值得一讲的故事。我自然也就答应了。

"离开依莎兰之后我去找了我的朋友史蒂夫·杜基①,他就问我:'你这一大摞的是什么?'我又把故事给他讲了一遍。他建议号召所有当时在公社生活的居民一起编辑书稿、绘制插图并进行版面设计。后来,我和其中的六位艺术家,围坐在一张大桌子前,一起读那些故事。他们每人挑选一篇自己喜欢的故事配上插画。再后来,史蒂夫的一位朋友,名叫布鲁斯·哈里斯,刚好在皇冠出版社工作。我的授课讲稿就这样因缘际会得以集结成册正式出版,成为我的第一本书《活在当下》。时至今日,它已累计售出近两百万册。

"说实话,在这个过程里,我什么也没有做。我觉得是玛荷罗基促成了这件事。将你的计划告诉他,

---

① 史蒂夫·杜基(Steve Durkee),后改名诺鲁丁·杜基(Norruddeen Durkee),是一位美国思想家、作家和翻译家。

他就会让它变成现实。"

我的朋友还问到其他有关"做什么""如何服务他人"等一些问题,譬如:"如果你资源无限,你会做什么让这个世界变得更美好?"

我原本以为拉姆·达斯会提起我们在赛瓦基金会[①]的工作,结果并没有。他说:"我只会尽己所能照顾好自己和家人,尽心尽力地履行自己的义务。上了年纪,该舍弃的就要舍弃。我会利用自己剩余的时间好好修行。无论你做什么,知道自己究竟是谁才更为重要。学习认识真我,认识自我。精神实践要出于爱,带着爱,一切皆是爱。"

聊天进行了差不多一个小时,我觉得拉姆·达斯肯定已经有些累了,尽管他并没有显露出来。于是,我提议让他带领大家做一个"爱的觉知"的冥想。

"吸气,呼气,轻轻地对自己重复说:'我是爱的觉

---

① 赛瓦基金会:赛瓦(Sewa)是一个梵文词,意为毫无保留的服务。赛瓦基金会于1978年成立于美国加利福尼亚州伯克利。作为一个全球的非营利组织,赛瓦基金会主要从事预防、治疗失明以及其他视力障碍的工作。

知，我是爱的觉知，我是爱的觉知。'"拉姆·达斯的声音轻柔却充满力量。冥想结束后，他饱含深情地看着我们，对我们每一个人说："我爱你！我爱你！我爱你！"他一边说，一边在空中写了一个大大的"爱"字。

我送朋友们下楼，一一拥抱告别。我们每个人的状态都有了一丝奇妙的崭新变化。其中的一位朋友博说："这就是我最渴慕的一种状态。爱你！""我们加利福尼亚见！"他们转身走进了暴雨中。

我上楼看见小猫咪库什又爬到拉姆·达斯的大腿上，一次一次地把小爪子伸进毛毯，拉姆·达斯每一次也回应着轻拍它一下。

我们俩决定明天聊一聊爱与死亡的关系。

爱远比死亡有力量

爱,无边无际,恒久永在。
寻爱之人超越生死。
——鲁米①

这天早上,拉姆·达斯感觉不错。我再一次惊叹于他坚韧的生命力!我说:"你昨天的表达非常有力量,富有感染力!成为爱,多么令人赞叹的人生建议!"

"一切皆是爱。玛荷罗基教导我说:'拉姆·达斯,爱每一个人,讲每一句真话,服务每一个人。'年龄渐长,'爱每一个人'最是让我有共鸣。我不断

---

① 鲁米(Rumi,1207—1273),伊斯兰教苏菲派神秘主义诗人、教法学家,生活于13世纪的波斯。

地体会到如何在爱一切人、爱一切物的过程中得以与自我相接相合,在大多数的时间里都无妄念欲动。我感到心境澄明,为一切所得心生欢喜。

"我们互为彼此。我们与他人的交流亦是与自己对话。我们有'自我'的层面和'宇宙合一'的层面。愈是往前,我们愈会接近于宇宙合一。同情源于共情。你会痛苦他人的痛苦,继而帮人如帮己,爱人如爱己。"

我问拉姆·达斯:"玛荷罗基说,爱远比死亡更有力量,你是怎么理解的呢?"

"肉体泯灭,思维终止,执着散去。然而,深藏于心的爱,依然留存,继续向前。似乎爱与死亡互相纠缠,密不可分。即使你痛失所爱,你对对方的爱依旧存在。你们或许会以全新的方式重逢相遇。如果一个人能不断地修习在爱的觉知中停留,你便会遇见爱的联结。"

"一位失去丈夫的女士来找我,想让我帮她联系到亡夫。"拉姆·达斯接着说,"我告诉她:'你有功课要做:与你精神的"自己"合二为一,你爱的意念会让你见到他,因为逝去的他依然爱着你。'几天后,她回来告诉我的确如此。他们之间的爱让这一切成为可能。"

我和拉姆·达斯说起我们共同的朋友拉梅什。他的小女儿在骑自行车时不幸丧生。他后来说:"当我平心静气,安静下来,我便会与她同在。一如与玛荷罗基同在。生死何以存续?感觉就像是彼此渗透,爱便是桥梁。"

拉姆·达斯回应说:"只要彼此相爱,就可以从一个层面跨越到另一个层面互相连接。玛荷罗基离世时,那份爱变得更为广阔。对我来说,他是我此生最亲近的人,是我每日行走于世的真理。去印度时,我一心想要找到读得懂心灵图谱的人。玛荷罗基不是那个读图谱的人,他就是那一片心灵疆域的图谱。事实上,玛荷罗基在以超越肉体的一种更为深广的层面让我理解他、认识他,尽管我多么希望他一直可以以具象的形态留存在我们身边。现在我们彼此的爱就在我心深处……真正的爱的滋味。

"玛荷罗基是我的老师。我第一次见他时就坐在草地上离他很近的位置,感觉他完全了解我、懂我。其实,被一个人一眼看穿让人感到尴尬。我故意让自己去想一些他肯定不可能知道的事情。然后,我抬头看着他的眼睛,他也看着我。他的眼睛里满是毫无保留的爱。我从来没有被这样的眼神注视过。在我,那是第一次,第一次感受到如此充盈又无私的爱。回顾过去,不论是我的父母、老师、朋友,还是其他人,他们赋予我的爱都是有条件的、有所求的。可就在那一刻,我第一次感受到一份完整柔和的爱。那一刻彻底改变了我的生活。之后,所有与我相关的爱的链条都可以回溯连接到那一刻。

"玛荷罗基以多种不同的方式存在于我的生命之中。一开始,我觉得他只是我在印度遇到的一位老师,给予了我从未体验过的爱。我沉浸在那份爱里,他更多是我情感依赖的对象。我一直想要把他的爱归结于他伟大的个人魅力,但这种努力的效果并不如愿。他源源不断流淌的爱总是打破我对他的想象。慢慢地,我意识到玛荷罗基的爱是超越个人的,是一种远比我之前想象的更广阔、更深远的爱。他并没有爱我胜过爱其他人,换言之,他爱着我们每一个人。他就是爱的海洋。

"玛荷罗基离世之后,他又成为我无形的爱的同伴。他是我想象的灵感,顽皮的玩伴。对我来说,他的爱未有丝毫的改变。我和他一起散步、长谈。他帮助我透过爱的棱镜观照这个世界。有人对我说:'你和你的老师还在交流?难道你不觉得那都只是你的个人想象吗?'没错,他通过我的想象力来到这里。爱因斯坦说,想象力比知识更重要。知识局限于此时此刻我们所知的和所能理解的,而想象力涵盖一切,囊括所有将有可能所知的与所能理解的。

"再后来,随着时间推移,我越来越多地体会到我与他的日渐融合。我们不分彼此。在我意识深处有一个空间,我们相见。是的,就在那里,我们享受着爱。"想念着玛荷罗基的拉姆·达斯微笑着说。

"现在,当你自己离死亡日近,你会不会觉得玛荷罗基不仅与你日渐融合,而且的确以一种更生动、更亲密的方式存在在这里?有什么变化吗?"我问道。

"玛荷罗基在思想的疆域,我也在。现在他召唤着我与他融合。但我还没有到达那个阶段。我一心渴望,但我必须先舍弃阻拦在路途上的'自我'。不过,我并不着急,旅途即是目标本身。我是一名奉爱瑜伽士,所以这是爱的道路、渴慕的道路,是与世界合而为一的道路。每时每刻,一片云,一汪海洋,一阵风,都是我们彼此连接融合的途径……"

"玛荷罗基就像是天上的北极星,无论何时何地抬头看,永远在那里闪耀。又如茂宜岛,天上流云舒卷,但茂宜岛一直都在这里。"

经由爱,他全然地了解我,
我是谁,是什么。

因为他全然地了解我,所以他进入了我的存在。

——《薄伽梵歌》[1]

沉浸于爱中

我们俩再次坐在一起的时候,拉姆·达斯说:"爱将万事万物连接在一起。不是你伸手去触碰爱,而是你要成为爱。"

"在爱里,没有评判,没有界限。站在沙滩上,脱下鞋子,放下自我,然后纵身一跃投入爱的海洋。"

"知爱亦知死。面对死亡,不要心生抗拒,应无时无刻不沉浸于爱中,对上帝显现的宇宙自然之壮美心怀敬畏。爱人如己,对一切事——无论痛苦、煎熬

---

[1]《薄伽梵歌》(Bhagavad Gītā,字面意思是"至尊神的颂歌"),又称为《薄伽梵颂》《薄伽梵卡》,是印度教的重要经典,是一本记录神(而不是神的代言人)或先知的言论的经典。

还是喜悦——都拥有爱意。我们无法知道死亡日期，带着未知向前生活需要我们谦卑为怀，放下某种希望与恐惧，全然地打开心扉，让慈爱慢慢生长。就算死亡来临，我们已然做好准备，迈入爱，走进光，走向唯一。"

我说："玛荷罗基告诉我，'永远不要踏足无爱之地'。我很高兴他给我赐名'米拉拜'。"

蓦然想起自己20世纪90年代在缅甸的那段日子。我打开电脑，搜索文件，找到下面这条日志，然后读给拉姆·达斯听：

我进屋把围巾放在地上，坐在那个可充气的蒲团上，闭上眼睛，开始进行"爱"的修习：打开心扉，一呼一吸，默念"愿我幸福，愿我平安"。我睁开双眼，看着玛荷罗基的照片。照片里，他坐在木榻上，一种像桌子一样的床，裹着格子花纹的毛毯，目光投向远方的某处。我坐在地上，身体向他倾斜，双手扶着他的木榻。玛荷罗基很少开口说话，即使开口，也异常简短，譬如："爱每一个人。"第一次来这里，我带着满心的疑惑、问题。如今，不能说我的种种疑惑、问题都找到了答案，只能说它们好像都从心中消失了。就在我们一起照相的那一天，玛荷罗基给了我"米拉拜"这个名字，意思是欣喜满怀。在印度历史上，米拉拜是16世纪的一位公主。她爱上了神奎师那当时名为吉里达的化身。吉里达力大无穷，可以托举高山。米拉拜异常勇敢地离开了衣食无忧的宫殿，舍弃了自己所有的世俗财产，一心只想为自己的爱人写诗唱歌。

依照印度教的传统，老师赐名极其重要，意味着你的修行就要实践于你所被授予的名字之中。感受"你的名字"带给你的启发与觉醒，同时也接受它带给你的挑战。像"拉姆·达斯"这个名字，意思是神的仆人。而我的修行之路即是按照米拉拜所行，以21世纪的方式"为爱痴狂"。米拉拜说："我日夜赞美山的能量，我走着人类千百年来一直在走的一条狂喜之路。"这就是我出现在这里的原因。学习"为爱狂喜"。舍弃自己其他的部分，一心爱神——不一定指向某个特定的神，可以是对宇宙万物的爱。

"写得很优美。"拉姆·达斯说，"对你来说，'米拉拜'是一个多么合适的名字。"

稍事停顿，他接着说："我们就是爱。现在，在我的眼中，一切皆是爱。有人来拜访我，我看到的是爱。我和树讲话，树就是爱。眼前的海洋是爱。铺在地板上的地毯是爱。如果我走进爱的自己，你走进爱的自己，我们便一起存在于爱中。无我亦无你。我们都是爱的存在。这是进入宇宙合一的入口。"

环顾现在这个房间，其间充盈着满满的爱——拉姆·达斯、我、玛荷罗基、小猫库什，是时候享受这美妙的时刻了。我说："我们一起喝点茶吧。"用对讲机呼叫之后，拉克什曼很快就端着热气腾腾的芳香薄荷茶走了进来。一切都是恩典！

爱是治愈

拉姆·达斯说:"爱会伤人心,亦会治愈人心。与身体康复不同,爱的治愈会让我们的心完整。"

"是的。"我说。我想起了小时候。"七岁那年,我的爸爸离开了我,我一直哭个不停。我是那么爱他,所以他的离开让我心碎。自那以后,我觉得这颗心再也不可能完整了,直到我遇见玛荷罗基。每当他看着我的时候,我都感觉他是那么爱我,就好像我是如此值得被爱,好像我是这个世界上最独一无二的那一个。这一份完整的爱让我的心被彻底治愈。奇妙的是我们每一个和玛荷罗基在一起的人都会有相同的感受,这真的是不可思议!"

"爱让我们彼此连接,成为一体。"

"是的,但之前我们都经历过很多并不让我们感觉完整的爱，不是吗？"我说道，"开始一切都好，走到中间充满纠葛，有一种怎么都填不满的需求。觉得爱是别人给予的，自然也会随时被拿走。还记得你以人与人之间的亲密关系为主题举办的讲座吗？"

"是的，"拉姆·达斯说，"这是因为我们在日常生活中所赞美的、所享有的爱都不是让彼此连接的爱。在我们的文化中、媒体上，我们谈及的大部分的爱都是带有附加条件的浪漫之爱——所谓的'真爱''一见钟情'和'你侬我侬'。我们将爱视作某种有待发现的东西，不是一往情深就是一刀两断。事实上，爱既不是索取也不是给予的某样东西，而是你本身。有时候，我们借由他人才明白这一点；有时候，你也帮助别人认识到这一点——无论怎样，这都是一个奇妙的旅程。"

我们俩默默地坐了一会儿。拉姆·达斯接着说："人们害怕付出爱，害怕爱没有回报，担心自己脆弱，害怕被拒绝、被抛弃——所有这些念头的根源都在于人们紧紧抓住的自我认定的'我是谁'。"

我回应说:"爱与依恋痴迷的界限细微难辨。我觉得很多时候人们出于害怕而不敢爱——害怕自己的脆弱,害怕自己付出的爱没有回报,害怕自己看上去傻傻的,害怕别人看见自己的全部,也害怕再次孤单。我们需要克服这一切的惧怕才敢去爱。"

"害怕伤心。"拉姆·达斯说。他说这句话时的神情、语气让我蓦然就有了一种心碎的感觉。我们俩坐着,很久没有再说话。

拉姆·达斯再次开口道:"传统亲密关系的陷阱就在于我们以一种特定的方式痴迷于物,也以一种特定的方式依恋于人。一旦某些方式有所变化,我们便对对方心怀不满,爱意不在。我们有时候看上去就像是永远得不到满足的饥饿游魂。这种'永不满足'好像深藏于我们每一个人的内心。没有人不需要爱,我们以为越是索取越是得到才会更好。如果未能如愿,就感觉自己丧失一切。在这个意义上,爱就像是一个可获得的成果或者可以完成的目标。你知道,人人都想有所得——然而,一旦获得一样东西,它便意义不再，人们转身又朝下一个成果、下一个目标奔去。这种有条件的爱带给我们的困境在于，即使你在其中可以感受到良善、关心甚至是感激之情，但始终无法长久停留。一旦爱人离去，我们便枯竭落寞再次渴求。我们以为需要找到一个新的人来填补空白，其实我们渴求的是心境安然，是真正回家的感觉，是与世间万物融合的完整性，是爱与被爱的彼此消融。我们需要的是完整自如地活在当下。"

我看了看自己为这次对话准备的一些材料，然后说："巴基·富勒①说：'爱无所不在，逐渐浓烈、精细，让我们能够对他者温柔以待，给予理解，抱有同情。'富勒葬礼后的招待会是在我剑桥的家中举行的。他和妻子相濡以沫50年，一天之内相继驾鹤西去，真可谓情真意切，自始至终携手以伴。"

"我这里还有一段摘抄自《薄伽梵歌》的话：奎

---

① 巴基·富勒（Bucky Fuller, 1895—1983），全名巴克敏斯特·富勒（Buckminster Fuller），美国哲学家、建筑师和发明家。

师那告诉阿周那[①]:'给我你的思想,你的心,你自会来到我的身边。'听上去,像是他在说:'永远想我,爱我,我会照看你的心,指导你的行为。'如果你遵循内心的道路,便会让你的爱和奉献引导着你。你的爱心将会平衡你的所思所想。"

我看着拉姆·达斯说:"爱充满力量,会赋予人权利。拉姆·达斯,大家因着你的爱聚集围拢在你的身边。跟随你之后,大家都感觉获得了新的动力,继续向前做自己应该做的事。有太多人和我讲过这种既美妙又奇妙的感受。感受到被爱是多么有力量的一件事!你看,自从你和玛荷罗基在一起之后,你发生了多么大的改变。"

"是的。"

"因为玛荷罗基爱你,现在数以万计,哦不,数以百万计的人又被你的话语吸引。数百万人,想一想!"

[①] 阿周那(Arjuna),又作阿尔诸纳及阿朱那,古印度史诗《摩诃婆罗多》中的核心人物之一。《薄伽梵歌》便是阿周那与化身为其车夫的黑天神奎师那进行的对话。

"的确是,今天下午收看我们网络直播的观众也一定是想要从这里寻求到他们想要的东西。"

哦,对呀,网络直播!就在这个时候,负责声音部分的工作人员走了进来,其中一位说:"需要检查一下声音信号了。"

"我们最好换套衣服。" 拉姆·达斯对我说。是的,他每次都会很仔细、很认真地确认所有的一切都是适宜的、恰当的。我总是在谈话结束后忘记换衣服。要不是他提醒,我一定还是穿着这件T恤出镜。他说:"我准备待会儿穿一件充满夏威夷风情的花短袖。"

我跟着负责声音的工作人员一起下了楼,心里默想着:爱给人力量;爱让我们面对死亡做好准备;要爱每一个人。对了,还要记得换套衣服。

以爱连接彼此

拉姆·达斯果然穿了一件夏威夷花短袖进行网络直播。他缓缓地说:"你会沉浸在爱的海洋中。我们的旅程从'自我'开始,认定自己不过是自己的思想、感知、欲望和个性。然而,当我们不断地修行学习,就会明白我们自有精神的存在。玛荷罗基教导我们利用好临终前的这段时光,从此一刻一直到最后一刻,进入爱的觉知,沉入爱的最深处。当他告诉我去爱每一个人,讲每一句真话,他就是在教我服务一切有情众生的能力,因为在爱中我们才与他者互为彼此、互相连接。玛荷罗基说,世事无常。以轻松自在之心面对一切的迎来送往,一切的寂灭陨落。死亡是平安的、无须惧怕的,我们只需要敞开心扉。"

网络直播结束后,我们都没了说话的力气,甚至连沉默都显得吃力。拉姆·达斯决定休息一会儿。我一个人捧着一颗插着吸管的新鲜的椰子去了泳池。游泳的时候，我也一直在想着拉姆·达斯，比起以往，他的行动越发慢了，脸色也日渐苍白，甚至有几天连呼吸都有些困难。他的身形已不似以往，但整个人看上去却光彩照人。

我晚些再见到他的时候，他说："刚才看见你游泳了。"

"哦，"我说，"游泳姿势怎么样？"

他停顿了一会儿，又停顿了一会儿，最后说："靠得住。"

希望你觉得我一直都靠得住。希望我的爱靠得住。

那天晚上，拉姆·达斯观看了一部日本电影《入殓师》。影片讲述了一名大提琴手因故成为一名为逝者送行的入殓师的故事。我想可能主人公是位大提琴手的身份设定吸引了曾经演奏大提琴的拉姆·达斯。但整部影片都围绕着死亡，死亡带来的悲伤、丧葬服务和丧葬仪式。电影动人,我看的时候就在想,真希望我死后也可以有一个像电影里那样的仪式。

我问拉姆·达斯他希望把自己的骨灰撒在什么地方。他说:"撒入大海,"然后望着窗外,"就是那里。"

在爱中畅游

新的一天开始了。尽管大家已经吃完了燕麦、坚果,也收拾了碗碟,但我们还是围坐在餐桌旁。克里希纳·达斯来岛上探望,我们坐在一起回忆40年前在印度的日子。

克里希纳·达斯提到了我们经常会忘记但又至关重要的一点,即"人们之所以围绕在我的身边并非因为痴迷于'我'这个个人,而是因为他们和我一样都想要抵达那个我们共同渴慕的爱的疆域"。

那么，我们要在这世上如何行？过去40年来，我们互相对话所探寻的核心问题就在于：当我们与玛荷罗基在一起时，什么是他教导我们去做的、去成为的？如若我们于世的所行、我们的法与我们的修习这三者之间有一种关系，那么究竟什么才是我们现在当下应该要做的？

"是爱。"拉姆·达斯说，"应该要做的是如何成为爱。"我们三个人都没有说话。过了一会儿，拉姆·达斯补充道："修行……精神修行。你的功课就是你的修行。如若你的修行并没有让你充满爱、成为爱，那显然就是不对的。"

接着他问我："米拉拜，要怎么理解你开设课程的实践是关于爱的呢？我个人面对的都是有意愿、渴望'成为爱'的人们，这也是他们来找我的原因。

这是个好问题。我一直喜欢和拉姆·达斯一起开设课程，也喜欢面对那些愿意"成为爱"的人。但我的确也曾为企业高管、医务人员和牧师开设过课程。

面对拉姆·达斯的问题,我回答说:"没错,他们一开始来找我的时候,我也相当惊讶。这个过程不容易,我也一直在思考究竟要怎么做。我选择回到《薄伽梵歌》里寻找答案。"

"我从其中学习到的最大功课是,"我继续说,"万事莫不在于我们自己。"

"恐惧是问题,而恐惧的根源是分离。唯有通过慈悲与爱才能将分离转化。所以,恐惧就像是为修行实践,让爱充盈心间而发出的一份邀请函。"

是的,答案一直都如此简单。我们此生应当怎样践行?应当如何在此生及临终之时放手执着?答案不过是修行与爱。就这样,我们在这短暂的时间里一路从燕麦和杧果聊到了生死与爱。

大家静静地坐在一处,没有言语。原本约好要一起去游泳,但谁也没有起身,没有说话,就这样一直坐着,坐着。阳光倾洒进来,我们沐浴其中,唯有一只壁虎轻声作响。

大约过了一个多小时,有人说:"我们去游

泳吧。"

是呀,我心想,我们刚刚一直徜徉于爱的海洋。

死而无憾

第二天早餐时,黛西告诉我们苏珊娜·吉尔伯特发来邮件,想让拉姆·达斯代表大家为我们在塞瓦基金会的工作伙伴亚历杭德拉·阿尔瓦雷斯写几句话以表追思致意。几天前,亚历杭德拉在墨西哥的圣克里斯托瓦尔-德拉斯卡萨斯过世了。随着岁月流逝,我们认识的很多朋友都已衰老。

拉姆·达斯昨夜因为植入抗生素引发了疼痛,几乎一夜未眠。此时他紧闭双眼,感觉像是云游在另外一个空间,许久没有说话。好久之后,他轻轻地说:"亚历杭德拉。"

哦,亚历杭德拉!我又看见了她脸上的微笑和那一头的黑发。我们俩相识于20世纪80年代,是她带我走进了墨西哥、危地马拉的神秘世界。拉姆·达斯、我和我的儿子欧文曾一起在墨西哥南部的帕伦克攀登玛雅金字塔,一起在美洲虎神庙躲雨。在危地马拉,亚历杭德拉生来就是当地历史变迁的见证人。她历经过那一段悲惨的历史,见过当地精美的编织艺术,让我们有机会第一次看到玉米秆建造的房屋,她遇到过那些饱经风霜的寡妇,告诉她村里装肥料的卡车被偷的男子,觉得自己的玉米粉蒸肉被人下毒的萨满的儿子,村庄里被吓坏了的可爱却又营养不良的孩子们,顽皮的山羊,玛雅人的希望和奇迹,还有在唐·维森特的小屋里身穿传统服装为玉米、豆子和我们祈祷的人们。

拉姆·达斯沉默了一会儿,接着说:"亚历杭德拉的一生一直服务于他人,带着她的喜悦、她的幽默感和她对别人的爱。她真是一个活在当下的伙伴,总有项目来牵动你的心。有她参与的项目,很难有人被落下。她的生命历程让她对自己帮助、服务的人有更深的理解。"拉姆·达斯停顿了一下。"她闪闪发光。"又停顿一下。"她不仅仅只是一个同事。"再一次停顿。"她是一位朋友。"

我想亚历杭德拉听到拉姆·达斯这样说，一定会很高兴，尤其是那一句"闪闪发光"。我不记得他曾经当面说过这样的话。真希望她有听到，无论她现在在哪里。

我心想，要从现在开始时常去告诉我认识的人们，在他们活着的时候，我为什么那么爱他们。我会在自己每周需按时完成的工作清单上加上这一条："告诉我的朋友们，我为什么爱他们，由此，死而无憾。"

跨越

看上去的坠落,在很大程度上可能是向上、向前地坠入一个更广阔的世界。在那里,觉识完整,万物合一。

——理查德·罗勒[1]

---

[1] 理查德·罗勒(Richard Rohr),有影响力的美国作家和演说家。

原谅

我走进拉姆·达斯的房间,见他正闭目坐在躺椅上。我在自己的椅子上坐好,打开录音机,喝了口茶。今天微风,天气炎热。

他睁开眼睛,看着我说:"我刚刚在观想自己的死亡。"

"哦,不错的修习。如果是现在马上就要离开人世,你觉得你做好准备了吗?"我问他。

"好了。" 拉姆·达斯回答时露出了一种满足的微笑。

我不知道自己是否也会如此确信。

"你有什么遗憾或者悔恨吗?有要原谅的人吗?

有未尽的事吗？"

拉姆·达斯说："遗憾的情绪，我的确处理得还不是很好。这种遗憾是心理层面的，我会为自己再也不能作为传递玛荷罗基教导的器皿或工具存在于世而感到遗憾。"

"我很喜欢你之前的观点。"我回应道，"你说以过去原本的模样接纳它、拥抱它、爱它，放手所有或遗憾或悔恨的情绪。譬如，你曾经说过你的妈妈在你小的时候也是倾尽心力照顾你的，所以以回忆原本的模样去爱她，这样遗憾的感觉便会消退。"

我接着说："在我的姐姐去世之前，我并没有想过悔恨或者遗憾。在她人生的最后阶段，她一直自责说：'我不是个好母亲，也不是个好女儿。'因为痴呆的关系，她控制身体的能力变差。整个人经常焦躁不安，在床上翻来滚去，无法真正地放松下来。我们一直安慰她说：'大家都爱你！你是一个特别棒的妈妈，孩子个个优秀。'这些话语会让她放松下来，随着爱的情绪逐渐替代悔恨的感觉，她的身体也开始变得柔软,整个人终于能够安然入睡。"

"是的,爱更有力量。"

"有时候,我们需要更积极地原谅自己或者他人。唯有如此,才能做到真正地放下。纳尔逊·曼德拉说,如果一个人不懂得原谅也就无从治愈。他说当自己在服刑27年后走出牢房,如果不将所有的痛苦与仇恨抛诸脑后,他仍将生活在牢狱中。"

"是的,思想的牢笼。" 拉姆·达斯说,"我最想要原谅的人是我的母亲。

"我的一位医生会吹迪吉里杜管。每当他吹奏的时候,我都感觉自己被带往别处。有一次,我在他的音乐声中仿佛看见我的妈妈走上前来对我说:'我真为你骄傲!放下吧,不要再在意过去了。'这句话,对一个犹太男孩来说真的是意义重大。记得在她的葬礼上,她生前一位特别亲密的朋友当着我的面说:'你真是应该感到羞愧!都是因为你,她才如此痛苦!'当时,你也很难不去这么想。所以当我看见她亲口告诉我说'放下吧,释怀过去',你想想,这是多么美好!"拉姆·达斯笑了。

"想象一下,如果有人在他母亲的葬礼上讲上面这番话。"

拉姆·达斯笑得更开心了。"哦,天啊,天啊!"他接着说,"现在,我和我的母亲互相原谅,彼此释怀,留下的全都是爱。"

死亡作为生活的顾问

下午,拉姆·达斯通过视频软件Skype[①]与出席旧金山"智慧2.0大会"的1000名听众进行线上交流,我也陪同在侧。在这次会议上,技术工作者与心灵修行者共聚一堂,共同探讨冥想和瑜伽如何营造出一个充满正念与慈爱的工作场域;同时,一个内心充满慈

---

①Skype于2003年8月问世,是一款全球通用的通信应用软件,提供视频通话和语音通话服务。

爱的工程师又将会创造出怎样的技术以支持更加美好的生活。

拉姆·达斯参与的环节题目是"死亡作为生活的顾问"。台上就座的有临终关怀的先行者,以及现场主持人、脸书(Facebook)的产品经理凡妮莎·卡里森·伯奇。脸书最近在其客户页面新增了一项功能——指定"遗留联系人",即客户可以指定某个人在其身后继续管理其脸书账号。同时,到目前为止,脸书已经上线了拥有超过300万个纪念网页的虚拟墓地。如果你的线上账号一直活跃,也很难说你真的已经彻底"死了"。你会一直在那里,或者直至下一代新技术的出现。

弗兰克在屏幕上问道:"拉姆·达斯,对你而言,接近死亡是一种什么样的感受?"

"嗯,首先,很明确地说,我的很多关注死亡这个话题或者从事临终关怀的同伴都已作古,像是斯蒂芬·莱文、韦恩·代尔和伊丽莎白·库伯勒-罗斯。所以有时候我觉得自己孤身一人还在飞翔,感觉怪怪的。"

漫长的停顿。

接着，弗兰克说："生与死原本彼此相依。然而，我们对'死亡'的过度专业化处理已经让人们忘记了'死亡'是一件极其自然的事，将死亡这样一份个人化的亲密经历变作了一个医疗技术化的现象。我们也忘记了我们有能力可以互相陪伴面对死亡。我希望在我临终时可以有三种人陪伴在侧：一个精通疼痛管理的人，一个有着实际生活经验知道人世'意义'的人和一个来自我们未曾踏足过的'神秘'世界的人。聚齐这三种人也许根本不可能。那么，我们应当如何发展自己的心识，在没有他们在场的情况下，自在无碍地迎接死亡？"

"这就需要修行，" 拉姆·达斯回应道，"即使最简单的呼吸观想也会帮助我们看到生命之无常，死亡之必然。安于爱的觉知，我们的心会日渐转化，进而得以在爱中体察生死、历经生死。一次又一次地沉浸在爱的觉知中，活在当下，放手执着，心清明朗，慈悲为怀。你会从自身经验当中明白，临终关怀不只是一项针对临终者的服务，更是一种自我修行。陪伴在临终者的身边实际上是生活在觉醒的边缘。它让我离玛荷罗基很近，离神秘世界更近，也让我敞开心扉感受到爱。"

弗兰克曾在旧金山的"禅安宁疗护计划"[①]为临终者服务很多年。他也曾同拉姆·达斯及其他人一起在"慈心禅工作坊"[②]为从事临终关怀的工作人员进行过培训。他向拉姆·达斯询问对临终关怀工作者的建议。

拉姆·达斯说："你需要成为让临终者感到可以安心依靠的爱的磐石。这份坚定是可以通过个人修行得到的。如果你视自己为有觉识的存在，便会无所畏惧。我个人最喜欢与临终者一起修习'爱的觉识'。接纳当下，并为之心生喜乐，我和临终者一同踏足

---

①"禅安宁疗护计划"来源于一家非营利性组织，其总部位于加利福尼亚州旧金山，为家庭、临床和志愿护理人员提供临终关怀课程、讲习班和培训超过30年。
②"慈心禅工作坊"，脱胎于"禅安宁疗护计划"，由佛教导师弗兰克·奥斯塔斯基主导成立于2004年，主要开展临终关怀方面的灵性修习。

'神秘世界'的边缘,一同分享生死真谛。我们彼此无有隐藏。这是一个动人的让生命的真理自然显现的美妙时刻。爱的觉知,从心而来,它是精神层面的自己。我们在心中感受爱的觉知,静静地、不断地重复说:'我是爱的觉知。'"

拉姆·达斯接着说,为了停驻在那片爱的疆域,请不要做任何评判,不要试图去纠正什么或者有意朝着某个方向带领对方。作为从事临终关怀工作的人,你只需要做好准备让自己面对死亡心无恐惧,面对临终者无有执念,面对事物的本来面目坦然接纳。唯有如此,你同临终者方有可能感受到那一刻的平静、放松、简单与真实。

临终者有可能身体痛苦,或整个人处于一种不易觉察的焦躁与悲伤的情绪之中。除非你要负责引入某种合适的医疗措施,否则请你不带任何评判地提供最简单的陪伴。充满爱的细微举动就会给对方带来莫大的安慰。当你心灵安静,敞开心扉,你便为当下所正在发生的一切以及任何可能会发生的一切留出了接纳的空间。

弗兰克再问:"在将爱带给临终者的这个过程中,科技可以提供什么样的帮助?"

"我很感谢现代科技,它让我能够与世界各地的人瞬间连接。"拉姆·达斯说,"我们借助科技实现了远距离的倾心而谈。通过Skype,我可以前一天与远在俄罗斯某个洞穴里的男子视频聊天;第二天就面对另一个在爱中挣扎的男人,他可能因为害怕在爱中迷失而忧虑重重。我对他说我本人就是一个奉爱瑜伽修行者,所行的道路就是要通过爱进入万物合一。在这条路上,我们有意选择让自己迷失在无有边界的爱中。我会对他说,我爱他。突然听到这句话,他会面露迟疑,可最后他也回应说,他也爱我。我们的谈话帮助了他,而我也是他的一个投射。"

弗兰克说:"有一个名为'关爱之桥'(CaringBridge)的网站,是一个面向所有陪伴在临终者身边的家人和朋友们开放的交流沟通平台,其中的信息有助于临终者的放松。"

我一边听着他们俩之间的对话，一边想临终关怀真的是修习慈悲心的一种有力方式。一个人充分意识到死亡与失去的普遍性是他在有生之年与他人建立连接、彼此团结的源泉。所以当他听到他人的痛苦与逝去，又或听到他人面对苦难与逝去时所产生的恐惧，便会感同身受、同情共体，进而萌发出为缓解、减轻他人的痛苦而尽一己之力的愿望。

成为爱的磐石

无去亦无来

无前亦无后

我抱紧你

又轻轻放手

因为,已然

你中有我

我中有你

——释一行禅师[①]

[①] 释一行禅师(Thich Nhat Hanh),越南著名禅宗僧侣作家、诗人、学者,是人间佛教的主要倡导者。

接近临终者

我们俩决定这个下午聊一聊如何陪伴临终者。我自己真正陪伴过的人并不多——我的母亲、姐姐和好朋友玛丽·麦克莱兰——但拉姆·达斯陪伴过很多人。他经常说陪伴临终者是了解死亡最好的方式。

我说:"你和另外一个生命如此贴近的经历也一定改变了你与他人之间的关系。"

"是的,没错。" 拉姆·达斯说,"的确改变了我。你也知道,我个人对'死亡'的认识和理解也有着不同的发展阶段。从事心理学研究那会儿,我感兴趣的是从学术角度分析和梳理人们对死亡的心理情绪反应,譬如否认、愤怒、恐惧、讨价还价、沮丧、失落、悲伤、接受等。后来,直到我认识了伊丽莎白·库伯勒-罗斯和斯蒂芬·莱文。"

"我对临终关怀的兴趣是由伊丽莎白激发的。她对人在弥留之际和死亡过程中表现出的心理及精神反应抱有极大的热情。她详尽地描述了人在面对死亡时所呈现出来的心理发展阶段：从一开始的抗拒、否认、讨价还价到愤怒、失望再到最后的接纳和打开心扉。在《临终与死亡》（*On Death and Dying*）一书中，伊丽莎白提供了很多有力的研究数据，以期说服学界。这也是她这本书的精彩之处。"

"1976年，我在波士顿大学遇到她，对她说：'想要获得学界认可可不是一件容易的事。多年前，我也想成为学界的一分子。但是现在我觉得，无须向任何人证明任何东西。'她说：'嗯，你我的因果和所遵循的法不尽相同。'伊丽莎白对此轻描淡写，无有执着。我接着说：'今年这一年，我与数以千计的有情众生结缘相聚，开讲授课，真是不可思议，不是吗？你看，今天这里来了这么多人，同我们一起探讨、分享"临终"这个话题。'她说：'哦，可别忘了我们大家都不过是死亡的囚徒。'"

"关于伊丽莎白,你还有什么记忆深刻的事?"我问拉姆·达斯。

"我记得有一次她来参加我主持的冥想会,大家都看到她吞云吐雾。"

"我猜她对吸烟一定是到了接纳的心理阶段。"

拉姆·达斯听完笑了。他沉默了一阵,像是在思考什么。然后说:"再是斯蒂芬·莱文,他把我引入了死亡的灵性层面或者说那样一个全然不同的维度。" 拉姆·达斯说完这句话,停顿了很久。

我问他:"记得当时你说过,你觉得那些躺在病床上的人很有可能就是你自己。这是一个最主要的原因,对吗?"

"我非常害怕感染艾滋病,但是后来又为一些艾滋病患者进行临终关怀。我特别害怕得上艾滋病却又并不惧怕死亡。嗯,这个,真是很难说明白……临终关怀期间我们彼此建立的那种亲密相伴的关系也深深地吸引着我。哦,怎么讲,怎么讲!"

一块爱的磐石

午饭后,我们再次回到房间。我问拉姆·达斯:"对于临终关怀,还有什么要补充的吗?"

"成为临终者身边的'爱的存在'是一个需要不断练习的过程。陪伴者需要更进一步、更深一层地打开自己。接受一定的专门训练会有帮助。但是,即使没有参加过相关培训,你仍然可以予人安慰,就像我一开始做的那样。"

拉姆·达斯接着又讲了很长时间,提出了许多建议。

"轻松自然,安于静默。离临终者近一些,要让对方能感受到你的存在。你静静地坐在那里,感觉一如冥想,很多念头和情绪就会自己跑出来。需要修习的是,观察自己的所思所想但不要做评判论断,将注意力放在临终者的身上。你们之间的亲密连接会成为一条一对一的生命线。安静地感受和接受眼前的情形以及其他各种的可能性,事情自会稳稳地向前发展。需要留意的是,你应确保自己对他者心怀慈悲,对生命充满敬畏,对死亡坦然接纳,让你陪伴的临终者知道你很清楚他们正在走向死亡,保持与他们的交流,让对方在爱的觉识中祥和自在。

"人离死亡愈近,通常都会思索有关人生意义、人生目的这样的问题。临终者或许会满心疑问,心中充满不确定、悔恨、遗憾乃至伤感的情绪。陪伴者不能自作主张地给出自己的答案,而应仔细聆听,鼓励并支持他们自己寻找答案。陪伴者安宁有爱,认真聆听临终者的信念、恐惧、梦想以及挣扎。

"如果你陪伴的是家人或者爱人,那么和对方说再见就很重要。让对方知道他所惦念的人也会思念他,也都会好好生活。告诉对方:'放心去吧,一切都很好,我们与你同在。'爱的宽慰会让临终者从牵挂中解脱出来。在生命的最后时刻,这是一份美好的礼物。"

"经常有人说陪伴在临终者身边,时常会感觉无助。"我接着问拉姆·达斯,"陪伴者会不由自主地想,为什么我不能阻止这一切?为什么我帮不到对方?现在做的是对的吗?面对这种情况,你会怎么做?"

拉姆·达斯说:"这就与'所是'及'所行'有关了。通常,做什么、怎么做是医护人员的分内事;而从事临终关怀的陪伴者是'所是',是爱,是一份爱的觉识,是一块可供临终者依靠的'爱的磐石'。"

我说:"在我的姐姐芭芭拉生前最后几个月,我一直努力放下'她曾经是谁'这样的念头,或者说是放下我心里的'她曾经是谁'。因为痴呆症的关系,她经常搞不清楚我是谁。但她知道,我离她很近,她也喜欢和我在一起。这种陪伴的确带给她莫大的安慰。"

拉姆·达斯说:"有一个很有意思的现象,亲朋好友往往早已多有改变，但人们的印象或者认知还总是停留在过去。当一个人离死亡日近，他的变化也会加速变快。所以要有意训练自己，每遇亲朋故友都要当作初识相见，摈弃心中的原有评判或预期，不牵一念于过往，时刻关注于当下——当下你陪伴在侧时对方的样子。"

"是的，理应如此。"我说，"每一天都崭新如初。芭芭拉后来大部分时间都很安静。看着她，我忍不住想：我会很快就死了吗？我做好准备了吗？我能盼到孙女达莉娅一切都好再走吗？死后到底会发生什么呢？"

拉姆·达斯说："陪伴临终者是一个人认识死亡的最好时机。陪伴者须做到心无忧惧。每当心念升起，要如实观照，分分明了。留意观察自己的恐惧感以及由此产生的各种想法，起生寂灭，无有依附执着。时刻牢记你是觉识之存在，仅以爱的觉识陪伴在临终者的身边。"

"培养自己的谦卑心并保持镇定。面对神秘世界，谦卑之心会帮助我们应对沮丧之情。这份沮丧是因为我们会蓦然发现自己并非如所想的那般能事事知晓并将一切全都掌握。可以将临终关怀者看作是引导临终者开启一段新旅程的装置。走向死亡是一个正在徐徐展开的世界的一部分。"

我翻找到今天带来的一首诗，分享给大家：

不思过往！

不迎将来！

亦无忧无虑于现在！

不妄动杂念

心意止息

凝然不动于此刻

心境澄明

轻安自在

唯其如此

别无他物！

"真美！"拉姆·达斯说，"当你感受到整个宇宙都在以其本来样貌徐徐展开，包括你在其中所扮演的角色，你自会心中安宁。做好自己所能做的，而不去妄想死亡必须以何种方式加以呈现。"

"我在陪伴芭芭拉的过程中学习到很多。"我对拉姆·达斯说，"其实，作为陪伴者，我所要做的不过是面带微笑，轻抚她传达爱意，简单自然地握着她的手。她是否认得我，是否知道我是她的妹妹，都不重要，重要的是我就陪伴在她的身边。我做好自己所能做的，让一切会发生的自然发生。我只是努力为她创造一个平和安宁的空间，让她最后沉浸在爱中，在爱的光辉里远行。"

"陪伴者的确需要先安顿好自身，尤其是当陪伴时日较长时。如果想出去走一走，透口气，那就去，无须心生愧疚。全身心地予以陪伴始终是重中之重。我们的朋友苏南达在蒙特利尔一家医院陪伴自己的朋友乔伊斯静坐默想直至对方离世。整整漫长的一年时间，甚或连每一天也都是漫长的，所以要做到时时警醒真的不易。苏南达后来告诉我：'我就坐在床边，犹如一块爱的磐石。我也一直在感知那份神秘世界的气息。我希望我心中的爱自有传递。'"

拉姆·达斯说:"没有人能阻止死亡,临终关怀只是陪伴对方经历人生最后阶段的变化,并在这个过程里给予对方爱与安慰。坐得靠近一些,要让对方能感受到你们的彼此融合。陪伴者与临终者其实互相帮助,互相服务,解脱挂碍,释放恐惧。独自面对往往令人心生胆怯,但有人陪伴共同面对自然会力量加倍。爱永远都比恐惧更有力量。"

我接着说:"我妈妈患有肺癌,最后是在医院去世的。后期,她一直呼吸困难。在她离开前几日,我在病床上和她躺在一起。长大以后,这还是第一次。其实从小,我和她也并没有特别多的亲密的肢体接触。那个时候,我在病床上从后面怀抱着她,轻轻地为她捶背,有意拉长、放慢呼吸频率。很快,她的呼吸节奏就会和我的完全一样,悠长、缓慢,整个人也随之放松,开始自主呼吸。"

"不错!"拉姆·达斯说。

"每当我一起身,她便又会马上呼吸局促,大口喘气。所以，我感觉到自己真的有帮助到她。"

"当然。亲密的母女关系，多么美好！" 拉姆·达斯说，"在我父亲去世前，我和他也拥有了彼此亲近的父子关系。"

"你一直和爸爸牵着手，对吗？"我问道。

"对，我和他还在一个充满爱的空间一起冥想。" 拉姆·达斯说。

就这样，我们俩思念起各自的父母，谁也没有开口说话。

后来，拉姆·达斯说："苦难是恩典，是人生旅程的一部分。认识到这一点你会获得直面痛苦的能力。如若能安于此，自会深刻体验人心。即使心痛到破碎，你依然还在这里，而你的陪伴会帮助正在遭受苦难的亲人缓解痛苦。自我修行，陪伴临终者直至对方的最后一口气。最最重要的是在心中爱着对方。"

如何成为"爱的磐石"

- ✦ 做自己。
- ✦ 心念慈悲。
- ✦ 柔和谦卑。
- ✦ 活在当下。
- ✦ 对死亡之旅满怀信心,确信一切都在徐徐展开。
- ✦ 不要失去幽默感。
- ✦ 不怀期待,为万事做好准备。
- ✦ 释放自己的恐惧。
- ✦ 跟随临终者的带领。
- ✦ 练习神圣的聆听。
- ✦ 除非问及,否则不主动谈论来生。
- ✦ 最重要的一点:成为爱,传递爱。

树上的最后一片叶子

今晚,我们要去茂宜岛文化艺术中心听一场致敬拉姆·达斯的塞瓦基金会的音乐会。我留出时间让拉姆·达斯稍事休息,并与即将在音乐会上演唱的琼·贝兹见面聊天。琼在聊天结束后准备返回检查音频设备前来和我们道别。一见面,她便说:"哦,感觉我刚刚是在和太阳见面聊天。"说这句话时,她整个人看上去都散发着光芒。音乐会上,琼将一首《最后一片叶子》献给了拉姆·达斯:

我是这树上的最后一片叶子。

秋天已至,落叶纷飞,唯独留下了我……

我会一直就在这里,直至永远

如果你想问永远有多远

如果这棵树被砍伐倒地

哦,那我也会出现在这首歌里。

这让我想起了民族植物学家特伦斯·麦肯纳说过的话:"我一直想要在你的周围。如若未能如愿,请记得,我就在你的眼帘之后。在那里,我遇见你。"

生命无常，无有执着

此时，再很难相信自己。
你所能依赖的不过是
大行其道的哀伤
它比你更清楚当行的路
一找到合适的时间
便不断地拉扯那悲伤的绳索
直至晶莹环绕的泪水
流淌至最后一滴。

慢慢地，你将与那永久离别后余留的空白
日渐熟悉
当悲伤殆尽

永失所爱的伤口将会愈合

而你也将会明白

要将投掷在虚空中那凝滞的目光撤回

要再次回到温暖的炉火边

因为，在你的内心深处

你之所爱一直就在那里等待着，等待着

你的回归。

——约翰·奥多诺韦[1]

---

[1] 约翰·奥多诺韦（John O'Donohue，1956—2008），爱尔兰诗人、作家、牧师和黑格尔哲学家。

失去的悲伤

今天的天空是灰色的,远远望出去,看不到地平线,只见白色浪花翻滚。在上楼去和拉姆·达斯对谈前,我决定先花几个小时读一读"悲伤"。拉姆·达斯的书架上有不少关于"悲伤"的书——个人的、家庭的,甚至是社会的。我坐在客厅读书,卢西恩正在隔壁看新闻。

悲伤是失去必然内含的一部分。当我们深爱的人离别或逝去,当我们的理想破灭或任何我们有所投入的东西丢失不在,悲伤便是我们情感的回应。

我们可能会感到迷失、孤独、伤感、空虚,被抛弃,心力交瘁,无从安慰自己。悲伤的情绪会让我们身体痛苦,心智散乱。它会让人自我封闭,对人际关系带来挑战。在临终关怀的过程中,悲伤的情绪会影响到每一个人:关怀者、临终者及其家人、朋友和爱人。悲伤早在死亡之前到来,它是人们对预期的死亡或病程中的各种失去——健康、社会生活、语言,甚或行动能力——产生的一种情绪反应。悲伤的情绪是一个极其个人化的过程。但总体而言,悲伤意味着一个人感到分离与隔绝。

每一种传统都有世代流传的悲伤故事。在《圣经·新约》中,耶稣在其门徒及好友拉撒路死后,前往其埋葬的伯大尼村。看见玛莎及其他人哀伤哭泣,耶稣也哭了。众人的悲伤和拉撒路已逝的事实让耶稣深受触动。虽然早知自己可以使拉撒路死而复生,但耶稣还是选择先与众人一同哀悼。也许,恰是众人发自内心的悲伤使耶稣最终选择复活拉撒路。

接着,我读了几段有关悲伤的佛教经文。生命无常,无有执着;斯人已逝,学习放手。不断修习自我慈悲。释一行禅师写道:"我的痛苦犹如一条泪河,倾泻而下遍及四洋。"

又读到一则佛教故事。一位妇人带着她死去的孩子去见佛陀，祈求佛陀赐药使孩子起死回生。佛陀闻后，言："如想制药，先须有芥末籽。你可入城敲每一户人家的门，但只能从未有人离世的人家求得。"

结果，妇人未能求得一粒芥末籽。家家户户皆有人亡。"我的父亲走了。""我的母亲去世了。""我失去了我的孩子。"妇人再次来到佛陀面前。这一次，她没有怀抱孩子的尸体，神色也平静了许多。佛陀问："可有找到芥末籽？"妇人答曰："没有。但我已明白，人人皆失所爱，我与人人无异。我已让孩子安息，悲伤释放。此刻我心中平静，谢谢你！"

佛陀继而对她说："你做得很好！这世上没有什么能比母爱更强大！你还想再待一会儿吗？"妇人便同佛陀一直聊至夕阳西下。她讲起自己的故事和死去的孩子。佛陀慈悲，安静聆听，后来与她说世间植物春发芽，夏开花，冬枯死。冬去春来，新叶再发，一年复一年。人又何尝不是？生命起落，皆有其时。有生有死，自然而然。这位妇人自此便明白了世间万物的道理。

我走上楼梯，提醒自己死亡不可避免，悲伤亦是在所难免。我们可以从中学习，成长。一路上，还有朋友和老师的热心相助。我推开门，看见拉姆·达斯，哦，我亲爱的朋友！我亲爱的老师！他坐在那里，望着大海。我走过去加入他，感到自己的心跳节拍与大海的波涛起伏彼此交融。我知道我们应该开始对谈了，但这一刻，呼吸之间，我是如此安然自在。拉姆·达斯也一直没有说话。

过了一会儿，他问我："我们俩今天要聊什么？"

我说："悲伤，怎么样？人有时会对自己的'悲伤'产生一种负罪感，好似你还有'悲伤'就是修习还不够。他们感觉自己让朋友负累，由此产生一种愧疚感。对此，应如何回应呢？"

拉姆·达斯闭着眼睛，过了一会儿，开口说："悲伤是组成人世肉身的一部分。一世为人，必然就有生而为人的各种情绪——怜悯、悲伤、同情、恐惧、快乐等等。我们的人性都是真实不虚的。否认其中任何一项都是误入歧途。悲伤有助于人们接纳失去所带来的深深哀伤。而后，'失去'也会成为人生完整的一部分。"

我说："我觉得历经苦难会让我们更加真实，更加人性化。之所以这么说是因为我发现那些历经苦难的人往往更加睿智，更活在当下。当然，这不是说我乐意大家都去吃苦受罪，但苦难的确让人成长。"

"我会选择带领痛失亲人的家庭走治愈之路。"拉姆·达斯说，"弗兰克·奥斯塔斯基，我和他一起工作的时候就发现他总能极其准确地描述出对方的心理感受，带领对方走出泥潭。认知悲伤与体察心理同等重要。"

爱的治愈力

塞瓦基金会的共同创始人吉里娅·布莱里恩最近告诉我,她记忆中与已故的儿子乔恩的欢乐时光竟然日渐模糊。乔恩走的那一年才26岁。岁月如梭,连记忆都在消退,这让吉里娅觉得自己在另外一个层面上,又一次失去了乔恩。

拉姆·达斯说:"故去的亲人其实在以另外一种形式继续存在。死亡是人世的终点,却并不是人与人关系的终结。是呀,痛失所爱,岂能不伤悲?尤其是如果对方英年早逝或猝然离世。悲伤有时也会让人感觉离已逝的亲人更近一些。"

他接着说:"失去至亲至爱,的确是人世艰难。然而,死亡并不意味着你与所爱之人的关系彻底隔绝。死亡邀请你与他们建立一种新的关系。如若能安静心灵，敞开心扉，便会感受到你们之间的爱从未消逝，从未远离。爱永不止息。事实上，你爱过的每一个人都是今生今世之你的一部分。"

我说："还记得玛荷罗基的那个故事吗？一日，他突然抬头说平日里那位虔诚的老妇人已经亡故了。接着，便笑了。当时在他身边的一位信徒问他为何不悲伤，玛荷罗基回答说：'你想我怎么做？像个提线木偶似的？'"

拉姆·达斯缓缓地说："一个提线木偶……"

我接着说："我的朋友巴里·博伊斯的侄子去世后，家人让他主持悼念仪式。因为他这个侄子一生惹是生非，状况不断，所以要在葬礼上讲什么、怎么讲，他也拿不定主意，便去咨询弗兰克·奥斯塔斯基。弗兰克鼓励他去找男孩的家人，让他们尽可能全方位地而非选取自己认可的某一部分加以回忆。由此，家人的伤悲才是真诚且全面的。"

"弗兰克说：'我们每一个人身上都有光，值得爱与被爱。我们每一个人身上也都有幽暗之地。如何克服恐惧和痛苦，有时甚或是我们自己都会觉得自己到了令人无法忍受的地步。人生在世，有光鲜亮丽亦有肮脏污秽。所以，思及已故亲人，理应完整地拥抱他。'"

此时，拉姆·达斯的表情看上去有点顽皮淘气。他说："嗯，上周，安葬猫咪'小爱'的时候，我也提议说几句话。我说它是以拉姆的儿子命名的，喜欢依偎一旁给人带来安慰。它出生在茂宜岛马卡沃一家餐厅的地下室里。它很想找个好人家。那个好人家就是我们的心。我可是一点儿都没提它干过的'坏事'，没说它总在壁橱里呼呼大睡，也没说它胖。"

"没事，我觉得你已经被原谅了！"我说。

我们俩哈哈大笑。很快，连个停顿也没有，拉姆·达斯就开启了一个新话题。和拉姆·达斯一起聊天，我明显感觉到不论我们是谈论生死、小猫还是追思父母，于他都毫无分别，万事万物都是他浑然一体的一部分。他从来不会说："嗯，现在，我们认真地聊一聊下面这个严肃的话题……"

不过,拉姆·达斯真的以一种严肃认真的语气对我说:"多年前,有一对夫妇痛失女儿,写信给我寻求开导。我回了信。后来,有很多人都读过那封回信。"

亲爱的斯蒂文和安妮塔:

瑞秋完结了自己此生尘世的工作。她转身离开这方舞台的方式让我们悲痛万分,那根牵动着我们信仰的细线也跟着剧烈晃动。有人能经受如此的打击还保持心念清明纯朗吗?我想即使有,也是少之又少吧。那份安宁大抵也是在愤怒、悲伤、恐惧和孤寂的尖叫声中稍有的一丝耳语声。

只言片语可曾稍做抚慰?我想不能亦不曾。你们的痛是瑞秋遗留给你们的一份遗产。这份痛从来都不是人为选择的,但它的存在亦无从否认。这份痛唯有以其自有的方式燃烧殆尽才会净化升华。当生命承受了不可承受之重,心中的某种东西彻底寂灭,我们才能在那至暗的夜里见上帝之所见,爱上帝之所爱。

无须假装坚强,现在是时候让悲伤找到它的表达；是时候安静地坐下来和瑞秋说说话，谢谢她这几年和你们在一起的日子，鼓励她继续走自己的路，不论她的使命是什么；是时候告诉她你们会从失去她的痛苦中获知慈悲，成长智慧。在我的心里，我坚信你们和瑞秋一定有缘会再次相遇，并会借由很多种方式认出彼此。当你们再次相遇的时候，你们会在闪念之间突然明白此刻你们根本无从猜透的秘密：一切为何如此安排？

我们的理性永远也不可能明白业已发生的一切，但我们的心——我们的心自会找到它直觉感知的方式。瑞秋借由你们而来，做自己此生尘世的工作，其中也包括她离开你们的方式。此刻，她已得自由，而她与你们之间的爱并不会随着时空的变化而改变。

沉入那深深的爱中，包括我。

爱你们！

拉姆·达斯

从悼念到纪念

我们俩安静地坐了一会儿。我们都深知丧子之痛是人生不堪重负的痛苦经历。我们身边有好几位亲密的朋友都历经了此劫。我试图去想象那种痛苦,可是当我自己的儿子——欧文的样子一下浮现在脑海中,我瞬间放弃。我实在是无法想象自己失去他的画面。这时,我想起20世纪80年代,我在印度玛荷罗基的寺庙里得知母亲送医治疗的情景。我刚到那里没多久,却不得不启程回家。我前去和悉达·玛告别。那真是一段特别美好的时光!我每日坐在玛荷罗基的木床边看他的画像和花格毛毯,喝茶,跟着牛儿走在晨间小路,看夕阳西下余晖映照庙宇,跟着大家一起瑜伽唱诵①，只觉自己沉浸在爱中满心欢喜。所以当我一开口说"再见"，立马就哭了出来。我哭着向悉达·玛鞠躬辞行，哭着收拾行李，哭着和所有人告别。我和拉梅什一同搭车，我一路哭到德里。我为母亲的状况，为自己即将离开印度、离别玛荷罗基，为所有的忧伤不舍哭泣。泪水四溢，我蓦然明白一旦你将自己的心打开，你便将自己敞开给了所有的情绪——欢乐、忧伤、遗憾、哀痛。一如玛荷罗基所说，"万情归一"。

拉姆·达斯说："悲伤是人生最伟大的老师之一。它让我们的生活有了裂纹——光也便由此透了进来。悲伤会让我们重新检视自己的生活以及对死亡的恐惧。悲伤也会让爱那无与伦比的治愈力量显露出来。

"对于沉浸在悲伤中的人，我所给予的最大支持

---

① 瑜伽唱诵（Kirtan），音译"科尔坦"，指称一种极具力量的瑜伽修习方式。一般是在传统韦达乐器的伴奏下，通过一唱一和的形式去冥想具有超然能量的Mantra(曼陀罗)，瑜伽曼陀罗蕴藏着无穷的能量，专注地聆听和唱颂，并以心意冥想，便能感受到这种音振的纯化力量。

便是：请你悲伤！是的，请你释放自己的悲伤！不要试图去阻止它，也不要假装坚强。选择忠于自己的方式去经历它。心中无哀却表现痛苦与心中悲苦却若无其事都是一样的自欺欺人。请允许自己经历悲伤！无须掩藏，只是去经历它。悲伤不是脆弱，相反，它是人世坚强。人们需要勇气去经历它。

"与此同时，也请照顾好自己。悲伤的情绪犹如潮水，一波未平一波又起，会瞬间将人吞没。你也许会感觉自己或者部分的自己就要死了；也许会感到愧疚、愤怒或是孤寂。

"这个时候，请告诉自己，万事万物，即使是悲伤，皆不持久。悲伤自会转变。改变或许随着一声'啊哈'瞬间发生；或许要经由见解的累积逐渐发生。无论何种方式，改变一定到来。

"如果没有能让自己全然地沉浸在悲伤之中，没有能给自己足够的时间忠于自己的心，那么一个没有治愈自己的人很可能变得愤世嫉俗或是对未来、对一切有可能的风险心有胆怯。请大家善待自我！当时机成熟，人心自会释怀。回忆如初，只是不再妄念执着。这不是一个回到所谓'正常'的过程，而是一个重新整理自己、塑造自己，在历经悲伤之后接纳当下生活本来面目的过程。"

我问拉姆·达斯："你还记得拉比艾伦·卢吗？他是我的朋友，我曾同他一起授课。诺曼·费舍尔也曾和他一起授课。艾伦突然离世后，诺曼写道：'失去让心受伤，心上伤口大开。爱从这伤口冲进冲出。也许爱一直就在那里，但过去终日繁忙从未留意。爱一下子冲进了失去留下的空白。而这份爱将带给人它的启示。如若我们能让自己全然地经历这份失去，直面向前而非逃脱回避，我们受伤的心才会再次完整。'"

拉姆·达斯说："失去……直面向前而非逃脱回避。是的，诺曼爱着这位拉比。"

"你说得没错，他很爱他。他们有共同的信仰。信仰与悲伤的关系，你怎么理解呢？"

拉姆·达斯回答说："当人沉浸在悲伤之中，一切看上去都是黑暗混乱的,心更在痛苦中挣扎,这时候所有原本持有的信念都将摇摇欲坠。信念根植于思想,在死亡面前,思想破碎。人会怀疑原本信以为真的一切。而信仰根植于心,存在于思考之外,这也是说信仰即使细如游丝也至关重要的原因。"

"在怀疑面前,信仰依旧会坚持如初。一个有信仰的人自然与宇宙万物融合连接。如果你对宇宙律动的信仰一再深入,即使事情看上去摇晃不稳,你也会找到自己依靠的基石。没有信仰,心生恐惧。如有信仰,便会心无挂碍,无有恐惧。"

"在信仰似有若无的时代——悲伤可能布满这样的时代,我的建议是请将自己融于自然天地,看山岳河流,流云飞逸。感受那份人世之外的恒久独立。也许此时你的心下一片暗淡萧瑟。请你走出去,走进大自然,或平躺于大地或闲坐于河边,见落叶逝流水,洗涤身心。不久,心中自会乌云飘散,自在清朗许多。你对事物才能观想得更为透彻。"

我想,窗外的芙蓉,在棕榈树顶成熟垂挂的

椰子，热情似火的铁树叶子，龙舌兰，木瓜，南洋杉——它们都可抚慰心灵，治愈伤悲。"我认识一位去朝圣的人，"我回忆道，"步行200英里[①]前往西班牙圣地亚哥—德孔波斯特拉。就在沿途某处，她放声大哭，肆意尽情之后就发觉自己的悲伤情绪缓解了。"

拉姆·达斯说："是的，有的人需要一些特别的仪式，而有的人会继续生活，期待也等待着悲伤情绪的日渐改变。"

"约翰·佩里·巴洛曾说当他沉浸在悲伤之中，他感觉就像是掉进了无底深渊。你对他说：'也许不是无底，只是有些深而已。有朝一日，爱会将它填满。'这句话真的帮到他了。"

拉姆·达斯回应道："嗯，在某一时刻——具体时刻当然因人而异——人心自会安静下来。当我们在至深至暗的夜里第一次看见些许微光，第一次感觉到

[①] 200英里约为322千米。

自己与某个人或物有了某种连接，这便是我们自我治愈，重新与这个世界建立联系的开始。我们也就此开启了从悼念到纪念的转变。"

从悼念到纪念。下楼时，我想起作家安妮·拉莫特曾经说过，失去所爱就像是带着一条不可能完全恢复如初的断腿继续生活，每当天气变化都会隐隐作痛，可你就是要学会用自己的跛脚翩然起舞。

我在厨房和黛西、拉克什曼聊天，很享受他们的那份活泼生动，很高兴无须为任何的失去感怀悲伤。我们会吃点什么呢？昨晚剩余的一些苹果蛋糕。嗯，口感还是那么鲜美。此时此刻，我感恩自己就在这里。

他们是我的一部分

那天晚些时候，我重新上楼回到拉姆·达斯的房间。他看上去很开心。我们准备一起反思回顾一下之前的谈话。

拉姆·达斯说:"当我们爱的人去世了,他们就会成为我们的一部分。

"但是一如你所说,人们需要经历悲伤才能到达另外一个层面。

"是的,我说过,诺曼也说过。但我所有的业已作古的朋友们其实依然在这里,和我在一起。我没有失去任何人。玛荷罗基在,斯蒂芬(莱文)也在,在我心中占据一个重要的位置。"

"和斯蒂芬以前住在新墨西哥州的时候有什么不同?"我问道。

"那个时候,我们俩经常电话聊天。我会听取他的观点。现在,我把他整个人放进自己的生命中。爱会延伸出去把他和别人带进来。比如我和拉梅什(即拉梅什瓦尔·达斯)[①]一起撰写我的回忆录时,有那

[①] 拉梅什瓦尔·达斯是一位作家和摄影师,于1967年遇见拉姆·达斯。两人曾合著《擦亮心镜》(*Polishing the Mirror*)。

么一段时间,一想到我的父母兄弟都已不在人世,我便很难过。现在,我会觉得他们就在我的身边,是爱,仅仅是爱。我爱着他们所有人。他们已成了我的一部分。"

"他们也成了你。"我重复道。

"是的,是的。"

"我母亲去世后,"我对拉姆·达斯说,"我发觉自己举手投足间极其自然地有她的样子,甚至是连声音都能听出她的影响。"

"哇哦!"

"我记得在印度燃烧的西高止山脉上,当我吸入正在燃烧的尸体散发的烟雾,我突然觉得我们在身体上成了彼此的一部分。那是一种身体的动作,却让我感受到新的东西。就像你刚刚说的,你听取了斯蒂芬的观点——你接纳他成为你的一部分。而我,在那个时刻,也在接纳那个正在燃烧的人。"

拉姆·达斯说:"那股烟味……很好……是一个过渡。我确信我也曾做过同样的事情。那股烟味,那个人的味道……味道是一个层面,爱是另外一个层面。爱是无形的,无有身形相貌。"

"无形的,意味着它就在你的身体里。"

"嗯……天啊,真是饶有趣味。" 拉姆·达斯说。

拉克什曼来了。他问道:"现在要不要吃点东西?等下就要去看医生了。"

"好呀。"

拉克什曼将一盘蔬菜、米饭和一份墨西哥玉米饼放在了拉姆·达斯的小边桌上。拉姆·达斯吃了几口,接着说:"知道吗?一开始我想的是我们两个人一起写一本书,应该会有很多工作要做。后来说是一个'对话',我当时就想,这下好了,过程一定有趣。"

"现在呢?"

"我相信你的觉察感悟。因为中风,我无法很好地写作或是交流,所以我们俩的对谈就是写作这本书最好的方式。"

"我可不觉得你不能很好地交流。"我对他说，"那只是另外一种形式的交流。知道吗？虽然你已经写作演讲了这么多年，但是你的言语依然会让人，比如我，感觉奇妙赞叹。我很确定的是，当我们安坐于此，不思过往不迎期待，在言语交流中总会发现新的观照方式，总会有新的火花，有新的东西可以学。"

"这就是安于当下。真实体察此刻的所思所想。或许我们应该给这本书起名《当下》。" 拉姆·达斯提议道。

"听上去和那本《活在当下》差不多。"我说。

"哦，还真是。"

祝福新旅程

殡葬服务与追悼活动会帮助逝者的朋友和家人处理并释放自己的悲伤之情，逝者也因此得到自由。

与此同时,这些安排其实也提供了一个庆祝生之绚烂、加强社区生活归属感的机会。这些纪念仪式因其文化属性以及对逝者的追思方式不同而大相径庭,丰富多样。我曾参加过美国爱尔兰裔族群的追思聚会。他们会准备特别丰盛的食物,聚在一起讲故事,想象逝者现在就在天堂与父母、祖父母再次相聚一定特别开心。在新奥尔良,有爵士乐葬礼的传统。哀悼者伴着铜管乐队的演奏一起在仪式上高唱诸如《和你再走近些》这样的挽歌。仪式结束后,大家又踏着欢快的节奏一起高唱歌曲赞美生命。乐队成员走在第一排,其他的朋友跟在后面又唱又跳。在夏威夷,逝者的骨灰搭载在带有舷外托座的航海木舟上被撒入大海;回航时,岸边满是鲜花、唱诵和朋友们的故事。当我认识的一位年轻的朋友被击身亡之后,大家聚在一起,哭泣、拥抱、诵读《古兰经》,其间也夹杂着对他的回忆。

安娜·米拉拜·利顿14岁那年骑自行车时被一辆汽车撞倒身亡,我还记得我们为她在长岛东汉普顿的市政厅举行的追思仪式。这座市政厅平日里主要是一个文化艺术空间，供与社区有联系的艺术家和作家放映电影、举办演讲和读书会。但在那一天，它是我们追思安娜·米拉拜的神圣空间，承载着在场每一个人的悲伤、痛苦、疑问、智慧。每个前来参加追思会的朋友在留言簿上签名后都会收到一份贴有安娜·米拉拜照片的流程表。照片上的她面带微笑，一种洞悉一切的微笑，好似在说一切正在发生的就是原本应该发生的。流程表的最后附有安娜写的一首诗，它的最后一句是："我们完成了自己的工作，已达那属于自己的安息之地。"这一句恰如拉姆·达斯怀念她时所说："她完结了自己在此间尘世的工作。"

我们坐在市政厅里看着大屏幕上安娜·米拉拜生前的照片，一张一张地播放，还有她的爸爸拉梅什瓦尔·达斯为她画的那充满爱的肖像画，背景里播放着她生前电脑上存储的歌曲。我看见她在雪地里玩耍，在印度欢笑，和哥哥詹姆斯、妈妈凯特在一起时每个人的开心模样。此时传来披头士乐队那首《昨天》，熟悉的旋律却突然有了别样的新意：昨天，这一切的烦恼真的就远在天边。老朋友们都在，安娜·米拉拜学校的朋友、邻居和其他所有人。克里希纳·达斯坐在了他的那架脚踏式风琴的后面开始为追思会奉献瑜伽唱诵。

坐在朋友们中间，我感到无助和不知所措，悲伤的情绪犹如东汉普顿海滩上上涨的潮水不断地涌来。这时，拉梅什走上台准备讲话。"希望我能做到。"他说。我不确定他是不是真的能做到，但他接着说："这些天，我一直得到我们这个大家庭给予的爱与祝祷，是你们托举并守护着我们。今天，我们相聚一堂，为我们美丽的女儿追思。我真心地感谢你们所有的人——第一时间赶到事发地点的警察，那些热心帮忙把车从她身上抬起来的人，急救人员以及在医院试图挽救她的所有医护工作者。你们每一个人都把她当成自己的孩子。"

我哭了。拉梅什强撑着。他的出现就是为了让我们所有的关心他、爱他的人都放心。

"我们很幸运能成为她的父母。请大家一起为缅怀她而默哀。"拉梅什接着说。就在这时,有一个极其细小的声音说:"想象爱,想象爱如潮水轻轻地洗刷着你……"

活在当下,安然于每一刻

我死去的那一天,
当我被抬往墓地,
请不要哭泣。

请不要说,他已经走了。走了,
死亡与走开毫无关系。

太阳西沉,月亮落山,
它们都并没有走。

死亡是走在了一起。
墓穴看上去就像牢笼,

但它其实是释放重聚。

人类的种子掉进地里

就像那只掉入水井的木桶找到了"优素福"①

这粒种子生根发芽

长出不可思议的美来。

你刚闭紧的嘴巴

不由得张开

将那喜悦呼喊出来

---

① 此诗作者是13世纪伊斯兰教苏菲派著名诗人鲁米。在这里他提到了《古兰经》中的先知"优素福"（Joseph）的水桶故事。Joseph多被译作约瑟或约瑟夫，但中文版《古兰经》一般使用"优素福"。按记载，优素福同胞兄弟12人，他最年轻，但因为天资聪慧，深得父亲喜爱，被认为是神权家族的继承人。结果，嫉妒的兄长们合谋将他抛入荒漠中的一口枯井。一队商旅途经沙漠停在了枯井处，打水人水桶跌落，优素福钻进水桶被救出并被带往了埃及。《圣经》中记载了类似的故事，详见《圣经·创世纪》第37章。

漫漫长路

在去见拉姆·达斯前,我坐在自己房间的地板上想起玛荷罗基。我在想,被他爱的感觉就是你从内到外被完整地爱着。我记起藏人说人离开这个世界就像是从黄油上取下一根头发那么容易。《奥义书》也讲人死就如同成熟的杧果或者无花果从枝头坠落,轻松又自然。然而,也并不总是这样。我们究竟要怎样才能帮助别人做好迎接死亡的准备呢?

所以,当我走进拉姆·达斯的房间,我想和他谈一谈死亡的准备以及如何看待死亡是一场精神实践。进门看见黛西也在,拉姆·达斯正在听杰克逊·布朗①演唱的《漫长的路途》:"我们走了一段很长的路,一条肆意狂野的路……"赛瓦音乐会那天,杰克逊就在现场为拉姆·达斯唱了这首歌。拉姆·达斯对我说:"说的就是我们俩呀,还有一段很长的路要走。"我笑着,点了点头。

我问他:"我们应如何同别人讲你们要为自己的死亡做好计划?根据网上的数据,全球每天的死亡人数高达151600人。"

拉姆·达斯回应道:"每个人理应找到自己觉得合适的方式。"

"没错,这很重要。但是,如果此刻我问你有关如何死亡的建议,你会怎么说?"

"首先,做完你此生的所有工作——财务的、法律的、家庭的,等等。这样,你就再无须为这些事分心。别人负责照顾,你也会很满足。"

我表示同意,并以此为基础接着说:"我喜欢

---

① 杰克逊·布朗(Jackson Brown),美国著名摇滚歌手。

精神遗产这个说法。可以在自己离开这个世界之前同别人分享自己的修行，以便对他人有所裨益或有所借鉴。这也恰是你在做的。当然，每个人都有每个人的故事。"

"同意，好想法。"拉姆·达斯说。

我接着说："有人会回避立遗嘱。因为流传着一种迷信的说法，说只要你的遗嘱一直没有写完，你就不会死。最近，你在写自己的遗嘱，对吗？有什么感想吗？"

"还真有——我的儿子彼得。他让我觉得自己这么多年可真不像一个父亲！"拉姆·达斯说，"我知道彼得那年，他都已经50了。我生命里还有一个彼得（彼得·海尔），我的灵魂伴侣。我们俩彼此打个电话知道对方在那里就好，早已没有什么痴迷执着。"

拉姆·达斯继续说："告诉别人你想要的离开这个世界的方式。明确指定一个你的医疗代理人，决定好你接受的医疗介入程度以及是否愿意借助医疗设备勉强支撑，最后希望是火葬还是土葬，等等。如今在茂宜岛上你可以有不同的选择，可以是简单的一副棺木入土为安，也可以是具有环保意识的火葬。"

神圣的空间

接下来，我们想谈一谈为死亡创造空间这件事。我很喜欢改造空间。我们将位于马萨诸塞州西部的一座有近百年历史的谷仓改建为一个纪念玛荷罗基的庙宇。每一年，我们都会来此清扫蝙蝠留下的痕迹，在四周墙壁上挂满印度蜡染，搭建一个纪念供坛，在上面摆放玛荷罗基的照片、蜡烛、燃香和鲜花。一个"普通"的空间就这样被赋予新的意义，完成了解构与转变。

任何空间都可以成为死亡的神圣空间。当你跨过门槛进入一个神圣空间，旧世界便被留在了门外，新世界就此打开。在这里,死亡是生命的一部分。世上万物莫不如是。

"如果有可能,"拉姆·达斯说,"人们需要在死亡真正来临之前就决定好自己的离世地点。"

"你呢?你想在哪儿?"我想我知道答案,但最好还是确认一下。

"就在这里,在我自己的床上。"

这的确是一个神圣的好地方,它的对面是一整面墙的玛荷罗基编织画像。看上去,玛荷罗基那一双充盈着望不到底的温柔的眼睛就这样望着拉姆·达斯。

大多数美国人都希望能在家中过世,但实际上很多人都是在医院或者医疗关怀机构过世的。当然,即使是一家医院,它也可以成为一个神圣的空间。最重要的是让临终者感觉舒适,使其在逐步释放进入死亡状态的过程中可以尽可能多地获得支持。这个神圣空间应该免受打扰,摒除任何会引发诸如悔恨、愤怒或悲伤等负面情绪的可能性。

那么在一个人的生物功能即将停止的空间中,不论是在哪儿,如何才能够营造出一种精神的、灵性的氛围呢?

我和拉姆·达斯认为,新鲜的空气、自然的光线(如果可能)和鲜花或者其他自然之物会有助于营造这样的氛围。在一些传统中,人们会用水、土、火和空气四种元素搭建一个祭坛。有时候,临终者所爱之人或者过往幸福时刻的照片也会帮助他感觉到安心自在。但是,人们在这里需要把握一个极其微妙的平衡,即需要想清楚一张复活节拍摄的全家福会有助于让他感受到爱还是会引发更多的牵挂,从而成为他和这个世界说再见的障碍?也许,一张天使的图片,一张蓝天白云的照片,或者圣母玛利亚的画像都更有助于濒死者放手此生。在日本,人们常常在临终者的脚下摆放一个屏幕,播放想象中天堂的样子。

拉姆·达斯说:"这就好比你拿到了一张火车票,知道自己将要去哪儿。这份确知自然会带给人放松闲适的感觉。"

在美国印第安原住民苏族的传统中,年轻人在青春期成人仪式之后就要走进森林静坐冥想，直至他们听到自己的死亡咒语。以后每当身临险境或有生死之忧，他们都会大声呼喊这一咒语。他们相信如果死亡真的发生，他们会由此知道要走的路。

拉姆·达斯补充说："对了，我就想要一张玛荷罗基的照片，其他的就都不必了。"

神圣的声音

拉姆·达斯对我说："我还想能听到瑜伽唱诵。但是别……"他在等待恰当的词语。"别把喧闹的现场乐队给请过来。"我们俩都笑了。"当我离死亡很近的时候，我希望有一个特别安静的环境。"

每当我的姐姐芭芭拉在她的加护病房开始有些烦躁不安、神经紧张的时候，她的女儿丽莎和我就会播放一张竖琴CD，同她一起进入一个静坐冥想的空间，同时口念：无须保留，无事可依，无处可去，仅在当下，专注呼吸，一如浮云飘荡在无际的天空之境。这个时候，她就会面带微笑安静地躺在自己的枕头上，看上去自在平和。

让人自在安宁的音乐、专门的冥想音乐都有助于营造美好的氛围，就像芭芭拉感受到的一样。临终者可自行决定想听的音乐类型和乐器。我个人觉得竖琴是一个不错的选择。竖琴是一种复音乐器，音色温暖、低沉，有共鸣。这也是天使喜欢竖琴的原因。通常，临终者会要求听自己以往喜欢的歌手或乐手的音乐，比如芭芭拉就喜欢威利·纳尔逊[1]。不过，一定要确定所播放的音乐不会分散临终者的注意力，只是会缓解其身体的疼痛或者情绪上的焦躁不安，有助于他们走向死亡。但是，过去的最爱往往也会唤起对方的今生回忆与今世情感，使得安然离去反而变得不易。

---

[1] 威利·纳尔逊（Willie Nelson），美国音乐家、演员、社会活动家。

疼痛、药物与觉知

我问拉姆·达斯："我知道你就如何能在疼痛、药物和觉知之间达到平衡思考良多。说实话,你的身体遭受了那么多的痛苦,你都快成疼痛专家了。这方面,你有什么要分享的吗?"

"我想要在这个过程中尽量保持觉知清明,"拉姆·达斯说,"但也真的不想太过痛苦。我想对于身体的疼痛,最好就是承受到你不能再承受为止——我这么说也是基于一直以来的疼痛经历。止痛效果强劲的药物很有可能使你在告别人世的最后一次仪式中昏睡过去。但反过来说,如果疼痛难忍,你的觉知也会集中在你的身体所承受的痛苦上,从而也不可能清晰明了地进入最后的'爱的觉识'之中。这不是非此即彼的选择,但需要仔细考虑、衡量药物介入的程度。"

"很好的思考方式。"我说。

拉姆·达斯接着说:"这是一个提醒大家留意的建议,目的是要尽可能地达到觉知清醒与疼痛承受之间的平衡。我也有一些非药物介入来缓解疼痛的方法。首先疼痛会抓住你的知觉,但是如果你能够进入纯然觉知的状态,哪怕只是一瞬,你和你的疼痛之间的关系也会有所改变。疼痛本身并不带来痛苦,而是你觉得疼痛痛苦的这个想法让你痛苦。如果能集中心识观想疼痛,你会自问有关疼痛的念头和感觉——是什么让我感到疼痛?它会持续多久?它会有多痛苦?如果你对这些想法以及生发的情感不生抗拒、不生厌恶,如实观照,你的疼痛感就会有所减缓。"

一想到自己最近的口腔手术,我说:"真的是疼痛难忍。"

拉姆·达斯说:"我的双脚有神经病变,疼痛也是在所难免,尤其是晚上的时候。"

"特别特别疼，是吗？"

"是的，是的。"

"这个和糖尿病有关系，很多人都有这个问题。"

"我就和它玩游戏，"拉姆·达斯说，"如果我心里特别沮丧黑暗，我看着这个念头就问自己：你究竟在做什么？我会让自己的意念观看自己脚趾的疼痛，一遍又一遍，和意念而不是疼痛在一起。疼痛在头脑中。"

"身体的疼痛往往还不止一处，所以我的意念就从脚趾游走至膀胱，从一个痛到另一个痛。我开始说：'哦，天啊，我可真是个烂摊子。'我的意思是我这副身体实在太糟糕，但我运用自己这一世的化身做自己在此间尘世的工作却也做得是满心欢喜！哦咦！"

我说："在痛苦中保持意念清明，实在是不容易。我在正念专注的练习中学习到很多，在疼痛到来之前就对身体各个部位如同修行般保持警觉观想。"

"一点没错！"拉姆·达斯说，"从现在开始做起。"

拉姆·达斯之前在谈及爱一切时，也将苦难和痛苦包含其中。于是，我问他："当你说'我爱痛苦'的时候，我们究竟要怎么理解这句话？"

"嗯，如果我停留在观想的意念之中，即是在灵魂之中。而灵魂爱着一切，一切即无所不包，那么一切皆可被爱。"他对我说。

真心希望他能够一直做到这一点。

遗愿

不久，黛西来和拉姆·达斯一起过一遍他的临终愿望。黛西将拉姆·达斯已经在遗嘱中写好的声明大声地读了出来，它们被称作"五大遗愿"。拉姆·达斯已经指定好了自己的医疗代理人，也对自己接近死亡时需要的生命支持步骤做出了决定。所以，他现在只是要回答一些与情感上的需求相关的问题，比如他希望自己爱的人知道些什么之类的。

拉姆·达斯对每一个问题的回答都很简短："如果有可能，我希望在家中过世。"

"我希望大家充满喜乐地送我，绝对不想要有悲伤的情绪。"

"我希望在我的床前悬挂我爱的人的照片：仅仅是玛荷罗基的。"

"我希望我的家人朋友们知道，我爱他们。"

"我希望人们想起我的时候，想起的是重病之前的我。这不过是我的身体。"

"我希望我的朋友即使不同意我的遗愿也能完全尊重它们。"

"我希望我的家人朋友们能够将我的死亡看作一个个人成长的过程，当然也包括我自己在内。"

拉姆·达斯接着说："我希望一开始有朋友陪伴在侧，但到最后我希望能和玛荷罗基单独在一起。"

"我已经和黛西讲过最后的遗体告别。就在这里,在这座房子里举行。波迪会开着新的灵车过来,把我接去火葬场。"

我说:"在夏威夷的墓葬传统中,人们会带着遗体出海投入水中。"

"是的,可是如果我选择那么做,"拉姆·达斯回应说,"以后来岛上纪念我的人就不得不乘船出海5英里①了。"

我对他说:"到时,很有可能会是一个小船队。大家抵达遗体投放区域,可能会大喊你每次海泳抵达浮标时说的话:'哦,浮标,浮标!哦,天啊,天啊!'"

我们俩想象着那个场景,不由得哈哈大笑。

"在茂宜岛上,"拉姆·达斯说,"我、波迪和莱拉一起创立了'光之门'。主要帮助人们撰写遗嘱,提供医疗选择指导,举办家庭悼念及葬礼仪式,

---

①5英里约为8千米。

也提供直接的土葬、火葬、海葬的服务，还有器官捐献。"

"我和波迪一直想要设计一个带有窗户的火葬箱，这样人们就能看到熊熊燃烧的火焰。但是后来，波迪和岛上的公共卫生官员共同商讨露天火葬场的可能性，就像在印度那样。没想到，我们的申请被批准了，我们有了自己的露天火葬场，我将会是享此服务的第一人。"

我深深地吸了一口气。我想我对拉姆·达斯为自己离去设计的所有细节都很满意。我一直记得在印度贝拿勒斯火葬的柴堆和尸体燃烧时散发的味道与滚滚浓烟。我的确需要一些时间慢慢接受，我想。我慢慢地呼出了那口气。

"对于每一个到时会在场观看的人来说，它会是一场修行。" 拉姆·达斯说，"一定是这样的，死亡与修行。"

"你的骨灰准备如何安放？"我问他，"应该会有不少的。"

拉姆·达斯以一种听上去很认真的口气对我说："你可以装满一个小白盒子——带往新墨西哥州的陶斯。拉古在哈努曼神庙给我选了一块地方，所以有一部分骨灰会存放在那里，人们可以前往祭拜。其余的骨灰就撒入茂宜岛周围的大海。不要在茂宜岛上专门选一个投放的位置，以免后人们专门前来纪念。我想能够在他们心中就足够了。"

黛西说："这里需要你的签字。"她已经将拉姆·达斯需要签字的文件页轻轻地折起。"还有一件事，就是签字必须用你的原名。"

放弃执着

晚上，在我们开始讨论迎接死亡的一项准备工作——放弃执着之前，我翻看了一下自己为这个话题准备的笔记，找到了这份拉姆·达斯名为《死亡观》

的演讲稿。

在学习佛教期间，我了解到僧侣通常都会有一项在墓地过夜的功课。需一整夜静坐于墓地，观想近期某位圆寂的和尚尸首腐化衰败的全过程。由此，放手对肉体的执着，看到其短暂变化的本质。这项功课的目的就在于破解一个人对生命即其肉身的虚妄执念。最终，这些僧侣在经历死亡的过程中不会依附于"我要死了"或者"别让我死"这样的念头，而是将注意力集中在死亡过程中分分秒秒间徐徐展开的奇妙之境。

一个人死亡过程中大部分的焦虑和挣扎都来自他对正在发生的事情所持有的观念，而非正在发生的事情本身，也非死亡过程本身。很多临终者之所以异常挣扎就在于他们所持有的观念认为死亡是失去，是失败——这会让人心中甚为恐惧。然而，对很多其他临终者来说，死亡是释放，是放手，自有其正当性。

后来，拉姆·达斯告诉我："我做了一个梦。梦见自己从上往下观看自己的葬礼，一场庆祝生死的欢宴。我看见大家朝我的棺材走了过来。我能看穿人心，洞悉一切。他们中有的人内心有真爱，有的人不过是虚伪作假；有的人是我爱的家人，有的人不过是慕名而来。"

"如果我在你的葬礼现场，我会环顾四周，看看究竟谁是心中有真爱。"我说。

拉姆·达斯笑了。"过往不念，未来不迎，活在当下。其实，此时此刻我未历经死亡，又怎能描绘它？我一直很喜欢中国佛教禅宗三祖[①]……"

"我记得你过去经常背诵他的著作《信心铭》。"

拉姆·达斯跟着记忆出口成诵：

至道无难，

唯嫌拣择。

但莫憎爱，

洞然明白。

[①] 中国佛教禅宗三祖(Third Chinese Patriarch)即僧璨，生年不详，寂于隋大业二年（公元606）。

毫厘有差,

天地悬隔。

我说:"一位朋友对我说,有一套死亡前学习放手的练习。在往生前几个月,写一份自己常吃的食物清单,然后一次放弃一种。比如可以从巧克力开始,自那天起就再也不吃了。过几日,可以加上花椰菜。再来,咖啡。最后逐一全部舍弃直至只喝白水。到了那个时候,最终的放手也许就非常容易了。"

我们安静地坐了一会儿。我们在欧米茄学院带领过很多次冥想课程,其中有一次我们燃起篝火,一边唱诵一边将松果丢进火堆。那些松果就代表着我们意欲舍弃的所有依赖与执着。

拉姆·达斯说:"即使你已放手对某个人或某件物的依赖与执着,但对生命本身,还是会割舍不下,还是会想要继续活着。"

我们的谈话在很大程度上让我从对自己以及对拉姆·达斯生命的依恋、执着中解脱了出来。就在几个月前,我们还在和佛法老师杰克·科恩菲尔德和特鲁迪·古德曼一起带领名为"在天堂中敞开心扉"的冥想课程。最后一天,我负责在一大早带领有关同情共体的练习。我让大家两两为伴,一同默想一些话语,诸如"这个人与我一样遭受苦难""他和我一样渴求被爱"或"这个人和我一样都会死去"。对当时在场的很多人来说,这是一个强度比较大的训练,我能感受到房间里充满着各种各样的情绪。

紧接着我们会有一个马拉仪式。在每一次冥想结束时都会有一个这样的仪式。在克里希纳·达斯带领瑜伽唱诵的音乐声中,坐在玛荷罗基的一张照片旁的拉姆·达斯依次为轮流上前的参加此次冥想的375人赠送一副用玛荷罗基毛毯上的毛线串结而成的串珠"马拉"。

那天天气炎热,仪式时间很长。拉姆·达斯在为一百多位同仁微笑赐福"马拉"之后,脑袋以一个奇怪的角度歪向一边。众人围拢过来,拉梅什开始为大家继续分发"马拉",佩里负责拍照,艾拉引导大家依次走近拉姆·达斯。但是他的脖子好像完全失去了力气，整个头部一直前倾。几乎一瞬间，我的心猛然生出一种默然的恐慌：哦，天呀，难道就是这样了？有人递给黛西一块湿布，她把它放在了拉姆·达斯的额头上。过了如此漫长的几分钟，拉姆·达斯的眼睛动了。他看了看黛西。她扶他回到原来中间的位置，并递给他一杯水。他淡淡地笑了。又过了一会儿，拉姆·达斯说他想继续完成仪式。于是，一个人接着另一个人，仪式又持续进行了一个小时。只见黛西牢牢地守着冰冷的布巾和水。拉姆·达斯最后完成仪式后，笑了。他静静地看着玛荷罗基的照片，过了很长一段时间才返回房间去休息。

很有可能就会像刚才那样，我回想着刚才发生的那一幕。对拉姆·达斯来说，我觉得，这是一个不错的离开的"出口"，四周充盈着满满的爱，伴随着克里希纳·达斯动人的唱诵，正在做着玛荷罗基所做的事情，就在这个过程中……不过，还是……

"玛荷罗基说：'舍弃一切的欲求。'这个一切一定也包括对长生的渴求。"我说，"即使你并不奢求长命百岁，但也应该认真地照顾好自己。只是对结果，坦然无所求。"

遗言

我问拉姆·达斯是否有想过留下遗言。修行之人多有留遗言的传统。禅宗大师往往会留下一首禅诗。有一位哲人说："不要忘了，人生倏忽而过——快如夏日闪电或手的一挥。"拉玛克里希纳说："哦，心呀，不要挂虑肉身。就让肉身和它的痛苦彼此照应。多想想圣洁的母亲，快乐起来。"佛陀言："世事无常，当精进佛法修习。"

拉姆·达斯说："我想，首先，如果有重要的事要讲，现在就讲。告诉某个人你爱他。或者，原谅某个人。不要等待。其次，活在当下。要知道时不我待。四季变化，生老病死，皆不在尘世时钟之内。如此，面对死亡就会做好准备。当离死亡日近，你的直觉就会越发敏锐。你会知道时日无多。宽恕自己及他人。如若真的能做到安然于每一时、每一刻，那么每一时、每一刻都是崭新的，死亡不过是其中一刻。"

毫无预警

我去花园散步休息，看到木瓜成熟的样子。返回楼上，拉姆·达斯正在等我。他一看见我就说："我刚刚读了一本书，是一个人讲自己在一次摩托车车祸中的濒死体验。这让我想起那些死于摩托车事故的朋友。死亡会突然而至，毫无预警。所以要做好准备。"

我问他："你可曾有过那么一刻，感觉自己就要死了？"

"有过，"拉姆·达斯回答说，"开飞机的时候。"

"当时你有呼喊'罗摩'吗？"

"没有。我一直盯着仪器表盘，心里责怪自己，是我把大家带入险境。"

最后一刻

"在很多的修行传统中，"拉姆·达斯对我说，"生命最后一刻的意识状态被看得尤为重要，感觉毕生所行皆在为这一刻做准备。有一则一位老禅师圆寂的故事。那位老和尚功德圆满，万事俱足，感觉自己就要拆下生命之轮永得自在。他坐禅入定，进入菩提妙境，此时却一念升起，想起了曾经在田野遇见过的一只非常漂亮的鹿。因为太美，他在此念上稍有停留。结果，转瞬之间，他投胎为鹿。就是如此细微精妙。"

我说:"玛荷罗基也有一个类似的故事。说他在路边一个小庙里,晚上十点半吃睡前夜宵。当时,周围还有一些他称为'马斯'的妇女在闲逛。大约凌晨一点,玛荷罗基突然喊:'我想要达尔(即扁豆)和恰巴提(即印度薄饼)。'"

"我知道这个故事。"拉姆·达斯说。

"那讲一讲后来发生的事。"

"其中一位妇人走上前来说:'哦,玛荷罗基,你几个小时前才吃了东西。'但是,只听玛荷罗基说:'我想要达尔和恰巴提!'按我们西方人的思维,大概会想,哦,可怜的玛荷罗基,一定是睡糊涂了;也能理解,毕竟也是70多岁的人了。但是,在印度,大家会想,谁能明白老师的意思?于是她们真的就燃起炉灶,开始做达尔和恰巴提。凌晨两点的时候,玛荷罗基吃得是狼吞虎咽,就像是从没见过吃的似的。玛荷罗基说:'明白了吗?这就是为什么我想要达尔和恰巴提。'其实,大家谁也不明白,还是一头雾水,接着追问他:'玛荷罗基,告诉我们,你究竟为什么要吃达尔和恰巴提?'玛荷罗基看着她们,感觉就像是对着一群学生,说:'还不明白?因为他就要死了,他想要达尔和恰巴提,我不想让他因为这点吃的再次投胎转世。'"

拉姆·达斯接着说:"不论你是怎么想的,你都必须放下自己的姓名、历史、朋友、肉身、智慧、对美的欲望等等,因为死亡就是自我的泯灭,是你自以为的那个'自己'的死亡。无论怎样,心识都不可能扭转自我的寂灭。

"正念与冥想的确有助于人们调服其心,看心念生起,看心念落寂,无有执着妄想,将自己一次又一次地拉回来,回到心境澄明之境。"

我回想起:"数年前,还年轻时,未曾细想过死亡。有朋友来我家小住,我问他为什么要修习冥想,他对我说:'为了死亡做好准备。'当时这个答案听上去好生奇怪,但是现在看来真是再好不过。"

"如今,我已经将死亡理解为一种'通过仪

式'。"拉姆·达斯说,"我们从将自己界定为自我意识与身体开始,进而放下局限于物理层面的认知,进入与觉知认定的阶段。在这个过程中,我们会得到那些心中充满了爱,对此有信心并确保整个过程绝对平安的人的帮助。他们祝福我们一切都好,存在于爱中,彼此谈论我们这一生做过的美好的事情,帮助我们的心念始终积极正面。"

做好准备

拉姆·达斯说:"藏传佛教僧侣强调转化多一些。他们教导说,当人接近死亡时,组成并维持身体的五大要素——水、火、土、气及空间就会开始消融。当身体开始失去力气或是感到精力匮乏,感觉自己将要摔倒或是下沉,整个人变得虚弱无力,这就意味着你身体当中土的元素正在消散。如果一个人感觉口鼻干涩,身体的热量开始减退,连呼吸都变得冰冷,声音虚弱、视力涣散,那就意味着火的元素正在消亡。如果呼吸变得越来越困难,那便是气的元素正在离开。当空间这个元素消失时,心识消融,呼吸停止,人就此便回归其最初的本真状态——灵魂。"

我问他说:"有一位哲人说你得像一只站在石头上的小鸟一般,随时做好展翅高飞的准备。你觉得什么是做好了准备?"

拉姆·达斯立即说:"冥想修习如何活在当下便是最好的准备。"过了一会儿,他补充说:"身处自然之中也有帮助。先坐于森林,看树木倒地或其他事物腐化落败,但与此同时又能看到新芽初露,周遭世界莫不在千变万化之中,一如花开花落。我们都是自然的一部分。花草树木从不会抗拒死亡。"

"另外一个有帮助的练习就是观想自己的身体,就和进行深度放松冥想的过程差不多,但是目的不同。这种观想不是为了放松,而是为了——舍弃贪恋执着。从头顶开始观想，将意念集中于眼部，轻轻地说：'我不是这一双眼睛和它看到的东西。我是爱的觉识。'停顿，深呼吸，停留在爱的觉识上。接着说：'我不是这一双耳朵和它听到的东西。我是爱的觉识。我不是这一张嘴巴和它尝到的东西。我是爱的觉识。'以此类推，逐次进行。把身体各部位都观想过后，最后以整个身体作为结点，轻轻地说：'我不是这一副肉身。我是爱的觉识。'这项练习可以从身体扩展至思想、记忆、情感等各个方面，比如你可以说：'我不是头脑中的这些思想。'"

拉姆·达斯接着又说："我盼望自己的死亡是一次和玛荷罗基的飞跃驰骋。我会经历一些体验，而他会在那里一直等着我。我希望自己在临死之际可以冥想到玛荷罗基，为我们的再次相聚做好准备。你也可以选择一位自己最亲近的老师，或者一位你感到被吸引、最心有灵犀的存在，比如一位天使。呼吸之间观想他们。你会看到他们浑身散发着光芒，满怀着慈悲与爱。你会感觉到他们因那与宇宙紧密相连的智慧而熠熠发光。想象这样一个美妙的存在从你的头顶进入你的身体,你们彼此合二为一。感受这份相聚重合的爱。你就是爱的觉识。"

找到生命之所

灵,无生亦无灭。
灵,无始亦无终。

所谓始终,
无非是梦。

——《薄伽梵歌》

死前放手

第二天一早，拉姆·达斯搭乘自己的座椅电梯下楼来吃早餐。他神色哀伤地对我说："小猫咪库什昨晚死了。它那么乖巧。"我知道拉姆·达斯一定很难受，库什已经陪伴他13年了，每晚都趴在他的胸口睡觉，随着他一起呼吸。"它是我的精神导师之一，"拉姆·达斯说，"我们答应让它以自己的方式离开这个世界，没有为了加快进度专门打针。它真的走了。"我们都感到难过。那天晚些时候，我们把库什安葬在了花园，为它的来生唱诵祈福。

早餐后，我沿着拉姆·达斯房子前的那条路一直往下走去。心里想着库什，身体却因为大步走路感觉好了一些。我真的是每日坐得太久了。此时的茂宜岛气候凉爽，真是散步走路的好时节。路过邻居家的房子，我向正忙着装修工作的两名工人挥手致意。他们将枯死的棕榈树叶拖进卡车车斗，又在树根周围修剪草皮。忙碌的生活，活泼的生命。Aloha kakahiaka！（早上好啊！）他们的小狗跑出来嗅我，欢快地晃动着耳朵。我笑着拍了拍它。生命中如此平凡的每一刻莫不弥足珍贵。

我散步结束返回，决定先听一段拉姆·达斯曾经有关死后阶段的演讲。

死亡那一刻你的意识状态是你修行阶段的一个反映。如果你已为死亡那一刻发生的生命转换做好了准备，在一种各种身体控制功能完全丧失的状态下，在各种能量汇集增强的过程中，你不跟随、认定原有的认知，不被一切烦扰带着走，那么你将在平静中完成转化，你会从一个及时存在的角度观察、见证这一切。你会看到自己死亡的全过程，你的清晰意识不会闪烁不定。然而，由于大多数人执着于某种看待世界的方式，所以当熟悉的一切在死亡之时消融殆尽，他们便会滑向无意识的状态。他们在整个过程中都浑然不知，只有过程结束之后方能拾取其中的一些线头。因为一切都发生得太快，要求一个人快速地舍弃和放手。在死亡过程中能安享清明平静便是至高无上的修行境地。

书上说："朝闻道，夕死可矣。"①在死亡之前舍弃虚妄的自我，在死亡之时方才不会丢失真实的神我。圣人卡比尔②有一句名言："如果不在有生之年打开绳索"——也就是说，如果不把自己等同于肉身与人格的这个观念在有生之年彻底打破——"难道你认为你死之后，有什么会为你做这些吗？"

如果以为个人因为肉身衰败腐坏自会加入那至善至喜，这不过是幻梦一错觉。此刻你的所得即是未来所得。如果此刻没有修行精进，日后也只能在死亡之城中孤独存在。如果此刻一心向着至高神圣，那么接下来才会有一睹真实欢喜的机会。所以，敬请投入真实不虚之中。找到带领自己的老师，相信自己听到

---

① 此句出自《论语·里仁》。本书在引用时并未说明。
② 卡比尔（Kabir），又译作迦比尔，印度15世纪神秘主义诗人和圣人。

的那个声音。简而言之,修行从现在做起,打破身份设定从现在做起。由此,等到最后的转化时刻,你自会顺利过渡。即使到时心有恐惧,也会被遇见、被引导、被保护。在彼岸自会有存在在那里进行接引,让你明白死亡转化的意义。

意识薄弱的会在死亡过程中彻底丧失意识,最终犹如被重新编程。稍有意识的会得到其他存在的带领和帮助。意识最清晰的在死亡那一瞬彻底放下所有执着。

回家

我听完演讲,做好笔记,拿上新一期的《茂宜岛新闻》去了拉姆·达斯的房间。我心想,早上这个时间就开始谈论死亡,可能有些太早了。没想到拉姆·达斯此时正在读一本有关濒死体验的书。他说:

"死亡给我一种终于回家的感觉，回到了熟悉我、爱我的一位老朋友家里。这就是我觉得自己最后应该去的地方。"

拉姆·达斯听上去就像正在为我们如何前往真正的新家提供着旅行指南。"我也想去。"我说。我真的这么想。

"我想去那里已经有一段时间了，" 拉姆·达斯说，"但有时为了工作又不得不还留在这里。"他停顿了一会儿，然后接着说："我知道我们在尘世间的家并不是我们真正的家，只是我们暂时的庇护所。无论我们多喜欢它，都终要舍弃。对死亡的觉识就是唤醒我们对这一真理的认知并开启更为幸福生活的一种方式。"

在西方，几乎所有有过濒死体验的人都说自己感受到一种满溢着光与爱，回到源头生命之家的感觉。他们说自己体验到超越时空的一种究竟圆满，其间毫无恐惧。

我说："我很喜欢《奇迹课程》当中的这段描

述：超越身体，超越太阳与群星，越过你眼见并感觉有些熟悉的一切，一束金色的光芒形成的拱门不断地延伸，感觉就像是你望进了一道巨大的光环。光环就在你的眼前闪闪发亮。接着，它的边界消失了，里面空无一物。光开始无限地蔓延、扩张，覆盖、包容了一切，一直扩散至无边无际。光芒闪耀，没有缝隙，没有边界。[1]"

越来越近

弗兰克·奥斯塔斯基今天来岛上探望，我们共进午餐。我们今天尝试了一道用面包果、甘蓝和生菜做的新菜品。弗兰克对拉姆·达斯说自己真的被他的忠告深深打动：爱过去，不论曾经发生过什么；将生

---

[1] 出自海伦·舒曼(Helen Schucman)的《奇迹课程》中《被遗忘的歌》(The Forgotten Song)篇章。

命看作一段故事，毫无论断评判地爱着它，不论期间你曾遭遇怎样的痛苦。

拉姆·达斯回应说："是的，人有时会觉得当初原本某些事可以做得更好。但事实上，修行最核心的内容就是爱一切，接纳一切，爱自己，爱自己身上所有发生的故事。"

弗兰克蓝色的眼睛里噙着泪。

"一切，一切都应被爱。"拉姆·达斯说。

我知道，我也离死亡越来越近了。

拉姆·达斯接着说："我在变化之中。我们都在变化之中。你也这么想吗？"

"是的，的确是，"我回应道，"每一次来探望你，你都会变得更通透、更有爱、更睿智……"

"我的头脑不再横亘在我的心前阻碍我，"他说，"是爱，是爱征服了我的头脑。"

是时间吃晚饭了。就在我打开门离开那一刻，拉姆·达斯喊道："我爱你！"

我回答道："我也爱你！"

后记

就在我们结束最后一次对话的几周后,因为一次误判的弹道导弹袭击预警,夏威夷全岛一大早拉响了紧急警报。这次警报使原本就因为美朝局势不断变化而处于紧张情绪边缘的普通民众顿时陷入全面的恐慌。尽管此次警报是一次失误错报,然而由于州长一时之间记不起自己的推特(Twitter)账号密码,夏威夷民众足足在警报发出17分钟之后才得知真相。就在这17分钟内,每一个夏威夷人都不得不面对瞬间死亡的可能。

当我和拉姆·达斯讲起这件事,他说:"这是一个有意思的情景,每个人都一心扑在对自己而言最重要的事情上。有些人吓坏了,在路上停下汽车,下车就跑。有些原本已经出海的人,疯了一般划桨回岸。"

当时人不在茂宜岛的拉克什曼说:"我那会儿特别想打坐,但是或许我更应该打电话回家,然后眼泪止不住地流下来,哭着说:'哦,我不想死,不想死!'"

"你呢,你做了什么呢?"我问拉姆·达斯。

"我们当时正准备在客厅唱诵。我感觉很平静,也没有思考未来,只是存在于当下。"

黛西说:"拉姆·达斯非常平静,所以当时我们在场的每一个人也都平静了下来。有一种放手、放下的感觉。那一刻,非常美好。"

冥想、正念、成为爱的觉识

你还没有死,依然是在这里。

请你直入心底,打开自己。

就此畅饮在生命那原本自由静默的河里。

——莱纳·玛利亚·里尔克

有觉知生活和爱之心的练习

阅读智者

拉姆·达斯建议，如果你觉得自己的理解不够充分，你可能需要进一步阅读与学习。"比如《活在当下》这本书，我称它是'一同出门玩耍的好朋友'。总有一些书一如故交挚友。我不知道你的朋友都有谁，我有很多好朋友。他们是如此的精彩绝伦，卓尔不群。如果他们和你握手，还有什么是比阅读他们从心而来的话语更好的了解他们的方式吗？我会坐下来，如果我心平静而开放，我会阅读他们的话语，感受到自身智慧的全新提升。所以，请你阅读经典，阅读最主要的文本，阅读这些伟大的导师。"

冥想

如果你尚未有常规固定的冥想练习，请给自己一点时间认真地尝试体验。或许是两周，也可以是一个月，在此期间无论你的冥想练习体验如何，敬请你按时如约而行。冥想的目的在于改变你原本所有的看待宇宙世界的思维模式。从而，你看待周围人与事的眼光每一次都是全新的。一次看一次新，次次皆新。当你散步时，专心散步。当你享受生活时，专心享受。每时每刻都体验到全然的觉知，平凡而生动。观看享受，看到你在享受什么，看到你在享受的样子。对进入冥想的任何体验都如实接纳。不要纠结、固定于所谓冥想应该有的某一种模式或方式。放下评价，放下批判，放下意见。冥想就在于放下所有固有的思维模式与标签。

期望越少，评判越少，对你认为有意义之事的依赖执着越少，你的进步就会越多。你所正在寻求的转变将远远超越任何具体经验所能给予你的转变。至为重要的是，不生期望，全然开放，就此每一项经验——甚至包括负面的经验——都是寻求路上迈出的向前一步。

有的人可能会觉得冥想无聊。他们感觉无事发生。这是老旧的"你"将你捆绑的另一种方式。因而，即使感觉无聊却能够继续坚持就显得尤为重要。

还有另一种可能。你对冥想的第一反应不是无聊，恰恰相反，是欣喜不已。很多人发现在冥想过程中发生的事情赋予他们难以置信的热情与真正的狂喜状态。我的建议是，在冥想的初始阶段，请你练习的进度慢一些，轻一些。切勿用力过度。最初积极正面的感受过后，接着而来的有可能是漠然无视。在冥想的不同阶段，保持镇定且不对过往经验——无论是正面的还是负面的——做过多的运用，这便是明智之举。仅仅是注意到它们，不做停留地接着进行冥想练习。

当你存在于一时一刻的当下，时间的感受就会拉长变慢。就在那一刻，你拥有着时间上所有的时间。亦不要浪费一时一刻。那个真实的你便超越时间本身。活在当下，每一刻都崭新无比。

冥想修习指南

静坐。如实接纳所有感受。如果此刻感到热，那便是热。如果此刻身体某个部位感到疼痛，那便是疼痛。如果此刻情绪外放，那便是外放。如果此刻情绪闭合，那便是闭合。如果此刻觉得无聊，那便是无聊。如果此刻感到备受鼓舞，那便是备受鼓舞。总之，是什么便是什么，随他去。

将自己所有的意念都集中在呼吸上。吸气，呼气，自然而然。仅仅观察气体通过鼻腔进出呼吸的过程，不起任何试图改变之心。留意观察呼吸的质地、温度和长短。如果注意力一时散乱，也请将它再次带回到呼吸之上。反复如此做，直至身心开始渐渐稳定，进入平静祥和的状态。

现在，请想象，你的面前是一片广阔天空，白云飘荡，划过眼帘。天空如此辽阔，白云时聚时散。现在想象，这一片天空就映照在你的内心，所以你的内心就是一片辽阔天空，恰就在你的胸腔正中间。你的每一个念头，你的每一份感受，你的有关你是谁或这个世界是什么的每一种思维模式，此时一如你心中飘荡的白云，来来去去，生起寂灭。继续将注意力集中在这一片天空之上，无论白云如何聚散，如何飘荡，天空从来都是荡然无碍，纯然清朗。

现在，请想象自己就是一片无边无际的海洋。海上波浪翻滚，潮起潮落。想象自己就是这一片广阔无际的大海，思绪、感受、计划、回忆、希望、恐惧、生命以及死亡不过是心念之中涌起的波浪。波浪起落，无有停驻。就此，让自己停留在纯然意念之中。无有来去，无有生死。有的，仅仅是广阔的海洋。

当你学习到如何停驻在这一部分，纯然的意识，纯然的存在，纯然的觉知，纯然的爱，超越具象形态，仅仅是一种广阔无边的存在，进而留意观看每一个升起的念头：啊！生命……啊！死亡……啊！来了……啊！走了……啊！喜悦……啊！伤感。即使如此。当你明白你存在的品性就是这海洋，这天空，这纯然的觉识——你自然自在。既是自在，便可舞生命之舞，可舞死亡之舞。愿此生此时所有有情众生皆得自在。

正念修习指导

在中文中，"心上有今"即为"念"。

正念是一个过程，即正念的修习，也是一个结果，即正念的觉识。正念始于一个简单的举动，即细心关照。全世界很多传统中皆有正念的修习。正念一词在每一个传统中有其特定的含义。依照医学、卫生保健及社会正念中心创建人，正念减压疗法项目创办人乔·卡巴-金的定义，正念可被简要理解为：毫无评判地有意识地觉察当下的存在。

正念是一种高度有意识的觉察状态，无论是对自己还是外在的环境，全然专注于当下现实的存在，接纳它，认可它，不让心念任意攀缘落入情景，从而陷入因情景而起的念头或情绪之中。这是一项我们都能加以培育的能力。正念的觉察使我们能够在观察心念的同时又不将自己等同于念头本身，因而形成一种如实接纳的态度，从而激发出更大的好奇心与更好的自我理解。

一开始坐在椅子或者地板的靠垫上，后背挺直，全身放松。闭上眼睛或将视线柔和聚焦于附近的某一个点。深呼吸数次，坐姿放松。让身心处于极度放松之态，同时，又心念警觉。觉察自己的身体，全然致力于体会当下的感受，无有任何先验的概念，亦无可以界定的目的，仅仅是——体察留意所有的感受。

一段时间之后，将觉察的注意力转移到声音震动的领域。既注意纯粹的声音波动，也留意到声音与声音之间的空白或静默。和之前身体的觉察过程一样，不停留于某个声音的定义或某个声音引发的想法，仅仅是敏锐地觉察声音本身。

觉察完身体及声音之后，将注意力转移至自然的呼吸过程上。找到体内呼吸感觉最为清晰的区域，轻轻地将觉察之心安放在那里。对有些人来说，这一区域是腹部的一起一落；对有些人来说，可能是每一次呼吸气流经过的鼻腔位置。请极其自然地呼吸，不加控制，没有引导，更不用力。全然感受呼吸从头到中间再到结尾循环往复的全过程。

你的觉察是你所有感受的综合，譬如敏锐的听，清醒的警觉以及专注的存在感。抛弃一切所余，或者将它们放置在背景当中。身心意念皆集中于自己的气息之上。一旦发现自己心念开始散乱，向外攀缘，觉察到这一点，但不要对之随意评判，只是轻轻地将它拉回来，再次回到自己的呼吸上。

正念修习指导（简略版）

正常呼吸。专注觉察气息进入鼻孔，充满肺部，全身流通，最后呼出体外的全过程。当思绪、情绪或感受升起，对呼吸的专注觉察开始散乱，请将觉察再次轻轻地带回到自己的呼吸上。再次从头开始。

拉姆·达斯：观老师冥想法

我看着玛荷罗基的照片，心跟着和他一起。我是在自己的心中与他相见，和他交流，并非语言的交流。在"事瑜伽"的修习中，你专注于处理面前的所有体验。玛荷罗基并不对我的任何"所得"有任何反应。他只是源源不断的在那里的爱。他将我带到觉察的另一个层面，与万物融为一体的境地。有时候，我不禁潸然泪下。

爱的觉识

一个人如何才能成为爱的觉识？拉姆·达斯说：我将对自己的认知从"自我"转变到"觉识"。我从思维头脑中认定的"我是谁"转移到精神心性，从心直接感受和觉照，成为爱的觉识。这是一个从外在世界的自我认定到一个内在心性自我修行的转变。可以随时随地修习"爱的觉识"，包括死亡那一刻。

"爱的觉识"修习指导

集中心念于胸腔正中间的位置。从心呼吸，不断重复："我是爱的觉识。我是爱的觉识。我是爱的觉识……爱的觉识……爱的觉识。"请记得，爱的觉识一直都在这里。以一颗平静的心渐入爱的暖流，周遭所有的一切莫不是你的一部分。

死亡修习指导

每一日预留那么几分钟，简单地想一想死亡。你可以对自己说："众生皆会死。我也是。" 或者一个人简单地想一想，自己想要如何死，什么又是你在死前想要做的、想要成为的。你也可以心中纪念业已故去的所爱之人。简而言之，每日找到一种方式将死亡带到自己的觉察之中。每日修行前或后，花几分钟想一想死亡。你可以在手机或电脑上设置一个提醒程序，或者在床边放一个记事本。你也可以在日志中写一些简短感悟。

感恩修习

感恩最大的也是众人皆知的秘诀在于：感恩并不依赖于、取决于外部环境。无论身边正在发生什么，"感恩"犹如一个我们随时可以转换进入的设置或频道。它帮助我们回归到我们生而为人最基本的状态，一如呼吸之自然。感恩之心是生发出我们理应知道的所有一切的核心。

静坐，闭上眼睛，回想过去的一天。慢慢地回顾过去一天的每一时，每一刻，留意所有让你心生感恩之情的部分：朋友、家人、白云、树木、一封有爱的邮件、一段童年的回忆、西瓜、活着。悠长地、充分地呼吸。

拉姆·达斯:食物祝福

对我们当中的很多人来说,有意思的是幼年时往往由成年人说了算的那个让人不耐烦的时刻,长大后竟然成为我们再次唤醒生命真相的时刻,成为我们珍惜生活的时刻。有很多种为食物表达祝福的方式。如果你有自己熟悉的方式,敬请继续。就我而言,我习惯将食物拿在面前,或者双手环绕食物而坐,然后口念感恩词,并在说完后沉思少顷。食物是自然之法的一部分,是宇宙的一部分。我用感恩词提醒自己,把自己带回家中,自会体验到万物一体的融合。

瑜伽唱诵

Kirtan,唱诵,是修行"奉爱瑜伽",也被称为"巴克提瑜伽"的一部分。克里希纳·达斯是目前西方世界著名的瑜伽唱诵带领人之一。对于如何修习瑜伽唱诵，他说："唱诵的词语来自比我们的思想、心灵和意念都要更深远更广阔的地方。因而，当我们唱诵时，我们敞开心扉接受体验，这些体验便会改变我们自身。唱诵的意义恰恰就在于我们唱诵时所感受、所经历的那些体验。尽管唱诵来自印度教的传统，但是唱诵本身并不意味着你要成为印度教徒或者必须事先就已经在信仰着什么。唱诵就是去唱去诵，去体验。所以，坐下来，唱起来。"

慈悲心修习指导

找到一个舒服的姿势。这一冥想修习的目的之一就是让自己感觉美好，所以请找到一个舒适放松的姿势。接着开始将注意力集中在腹腔神经丛的周围，你的胸腔——心口的位置。带着慈悲心从这里一呼一吸，感觉好像所有的体验都由此而发。将自己的心识仅仅停留在心口的感觉上。

开始让善意涌入心中，在持续不断的呼吸之中，反复思考或念诵以下传统的句子或者其他你自行选择的句子。

愿我免受内外伤害和危险。

愿我平安,得受保护。

愿我免受精神痛苦。愿我快乐。

愿我免受身体痛苦。愿我健康、强壮。

愿我此生生活平静、喜乐、轻松、自在。

接下来,请将心念集中在一个令你升起毫无保留的、纯粹爱意的人身上。第一个人往往会是老师、恩人、长者、父母。现在为这个人重复上面的句子:愿你平安,得受保护……

在感受到心中对第一个人强烈的、毫无保留的爱之后,将心念转移到第二个人身上,他可以是一位亲密的朋友,再次为这个人重复上面的句子。时刻留意呼吸从心口来回进出。

然后,将心念集中到一个你既没有十分喜欢但也谈不上讨厌的人身上。对他/她重复以上的句子,在这个过程中让自己感受到希望对方一切都好的那份内心柔软与真切关怀。

再来，将心念集中在一个对你来说接纳起来有困难的人身上，为对方重复以上的句子。如果你真的感觉说出以上的句子实在困难，你可以这样讲，我要尽自己最大的可能，我要祝愿你……如果此时你的心中对之升起不好的想法或者感觉特别的不舒服，敬请返回到第一个曾有助于、有恩于你的人身上，让自己的爱意再次升起。接着再回到这个你感到实在难以去爱的人身上。

在冥想修习这个于你而言有困难的人之后，将你的慈悲怜悯散发到世间万物的有情众生：愿世间所有的有情众生平安、幸福、健康、喜乐、轻松、自在。

精神遗产

与我们通常会留下的物质遗产不一样，精神的或者道德伦理的遗产的概念可以追溯至犹太教与基督教《圣经·旧约》，其中讲到雅各临终时留给了孩子们称之为精神遗产的东西。一直以来,在其他文化中也有长者将自己的智慧、建议和祝福留给后世子孙的传统。美洲原住民朋友说,祖父母会将族群的传统教给新一辈的孩子们以确保传统不会丢失。

但是究竟什么是值得传承的呢?又应该如何传承呢?一种方式是讲述自己生命中的故事。那些于你而言重要的故事,以及你会觉得重要的原因。故事会教导人,治愈人,更会让人容易记住。伟大的思考者们都会用寓言来教导复杂、充满悖论的真理。每一个故事又与更宏大的故事紧密相关。

留存精神遗产的指导

花一些时间做自己最喜欢的心灵修习——不论是冥想、瑜伽、正念走路、诵念或者唱歌——让自己的心全然开放,继而让自己的故事涌现出来,将之写下来或者录下来。另外一种方式是请一位亲友问你有关你一生的问题。不要考虑自己的回答是否完美。例如,一位朋友这样开始讲述自己的故事:"我的生活里有门廊、绿地、烤鸡、卤肉汁的味道以及板球。"另一个人的故事则充满挣扎:"在我内心深处,就是一场与环境的战斗,但我从来不问自己在反对什么,而是问我这么做是为了什么。"写下任何对你而言重要的东西。

临终关怀的修习

处理恐惧

死亡是一种终极恐惧。当你在陪伴临终者时,心无畏惧便非常重要,由此你才能帮助临终者释放自己心中的恐惧,明白死亡之路其实是十分平安的。如果你心中有恐惧不安,请你在自己感到舒适的范围内尽可能地接近它,和它坐在一处,观察自己的抗拒和反应,看到那份恐惧不安的边界,留意它的本质。如果感到不适，请即刻停止，从头再来。不要着急，轻柔前行，同时不对自己做任何评判。

你也可以尝试一种简单的视觉化的方式来释放恐惧与焦虑：找到一个舒适的坐姿，放松全身但保持警觉。闭上眼睛，自然呼吸。将当下让你感到害怕的东西带入心中。注视自己的恐惧，譬如害怕死亡，担心失去，害怕失败，忧心未来，等等。想象你的每一个担心害怕是萦绕在心间的一团浓烟，感觉自己将它们呼了出去。一个接着一个，呼了出去。当吸气时，想象纯净、鼓舞人心的能量，爱以及智者的无所畏惧再次充满身心。继续此项练习五至二十分钟。

处理恐惧的简短练习

将自己感到恐惧的东西带入心中。留意观察自己的身体感觉，接着握紧拳头，感觉恐惧就在你的手、臂膀和躯干中。紧紧地抓住它一会儿。然后深长地吸气，让气息充满全身。继而呼气，慢慢地伸开手指，手心朝上。

放松,继续呼吸,留意身体的感受。面带微笑。

成为"爱的磐石"

请参照第158页关于如何成为临终者身边"爱的磐石"的说明。

"自己的死亡"练习

见小曰明,守柔曰强。
用其光,复归其明,
无遗身殃,是谓袭常。

——老子《道德经》

迎接接引者的指导

静坐或静躺,自然呼吸。当感觉自己做好了准备,就请呼唤任一你想要呼唤的对象经你的头顶进入你的身体,与你合二为一。此一存在光芒四射,满怀慈悲。感受你沉浸在因着你们的结合而散发出的爱里。请求这个存在在你经历死亡转化之时与你同在。明白知道你就是爱的觉识。

祈祷

在你放下一切,即将离开身体的时候,可以祈祷。你也可以让身边人帮你祈祷,让心灵平静。所有的修行传统皆在生死转化之时有祈祷。

"我不是这一副肉身"的练习

这是一个扫描身体的练习。但是与简单的观察或者放松不同,这个练习的目的在于放弃我执。从头顶开始,将觉察放在眼睛上,轻轻地说,我不是这一双眼睛和它看到的东西。我是爱的觉识。

停顿,深呼吸,停留在爱的觉识上。接着再轻轻地说,我不是这一双耳朵和它所听到的东西。我是爱的觉识。我不是这一张嘴巴和它尝到的东西。我是爱的觉识。以此类推,将身体各部位逐次观想,最后结尾在,我不是这一副肉身。我是爱的觉识。

你也可以将这项练习引申扩展至思想、记忆、情感等各个方面,如:"我不是这些思想……我是爱的觉识。"

本作品中文简体版权由湖南人民出版社所有。
未经许可，不得翻印。

图书在版编目（CIP）数据

生命的功课 /（美）拉姆·达斯（Ram Dass），（美）米拉拜·布什（Mirabai Bush）著；白瑞霞译. —长沙：湖南人民出版社，2022.6
ISBN 978-7-5561-2801-3

I. ①生… II. ①拉… ②米… ③白… III. ①人生哲学—通俗读物 IV. ①B821-49

中国版本图书馆CIP数据核字（2021）第207916号

Copyright ©2018 Love Serve Remember Foundation and Mirabai Bush.

Illustrations copyright ©2018 Sarah J.Coleman

This Translation published by exclusive license from Sounds True,Inc.

生命的功课
SHENGMING DE GONGKE

著　　者：[美]拉姆·达斯　米拉拜·布什
译　　者：白瑞霞
出版统筹：陈　实
监　　制：傅钦伟
产品经理：刘　婷
责任编辑：李思远　陈　实
责任校对：杨萍萍
装帧设计：阿鬼设计

出版发行：湖南人民出版社有限责任公司[http://www.hnppp.com]
地　　址：长沙市营盘东路3号　　邮编：410005　　电话：0731-82683357
印　　刷：湖南凌宇纸品有限公司
版　　次：2022年6月第1版　　　　印　　次：2022年6月第1次印刷
开　　本：880 mm × 1230 mm　1/32　　印　　张：8.25
字　　数：115千字
书　　号：ISBN 978-7-5561-2801-3
定　　价：58.00元

营销电话：0731-82683348（如发现印装质量问题请与出版社调换）